U0395572

 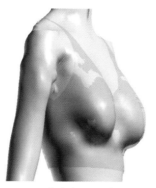 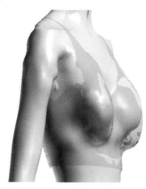

(a) 初始状态　　　　　　　(b) 乳房向下运动　　　　　　(c) 乳房反弹

图 1-1　模型模拟乳房向下运动及弹跳状态

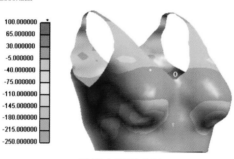

乳房向下运动时

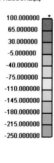 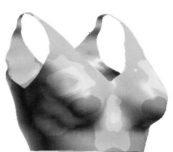

乳房弹跳时

图 1-2　服装压力分布情况

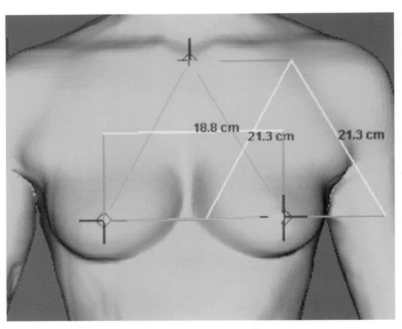

图 4-1　颈窝点与乳头点间的距离示意图

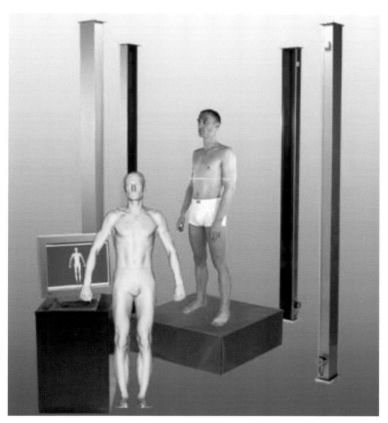

图 4-2　VitusSmart 三维人体扫描硬件系统

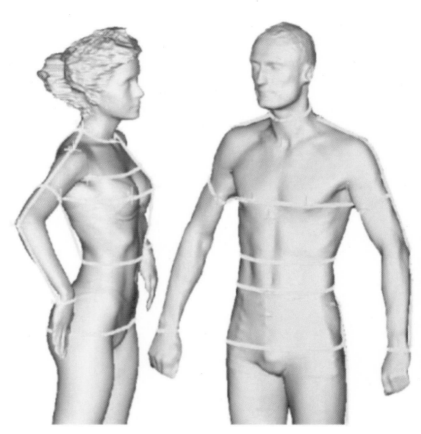

图 4-3　人体测量扫描姿势示意图

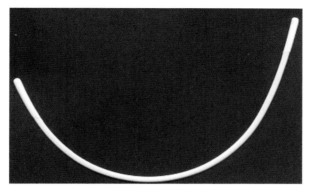

（a）钢圈

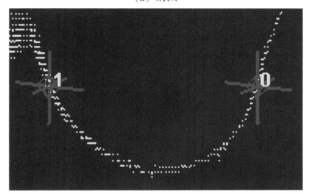

（b）乳房钢圈围

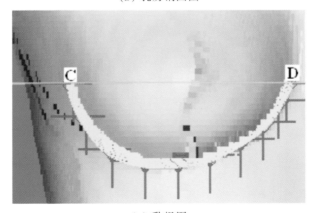

（c）乳根围

图 7-1　钢圈、乳房钢圈围和乳根围示意图

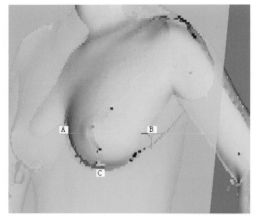

（a）乳根围选点、切片示意图

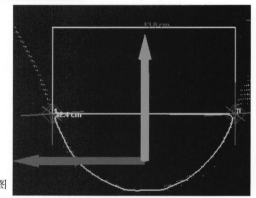

（b）乳房钢圈围示意图

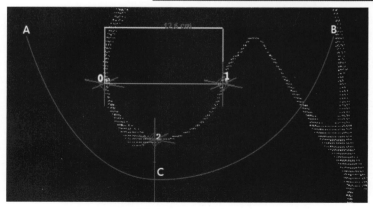

（c）乳根围矢量图转换示意图

图 7-3　乳根围选点、前片、计算示意图

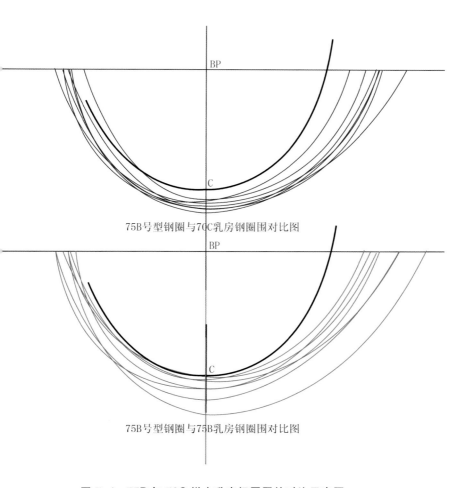

BP

C

75B号型钢圈与70C乳房钢圈围对比图

BP

C

75B号型钢圈与75B乳房钢圈围对比图

图 7-4　75B 与 70C 样本乳房钢圈围的对比示意图

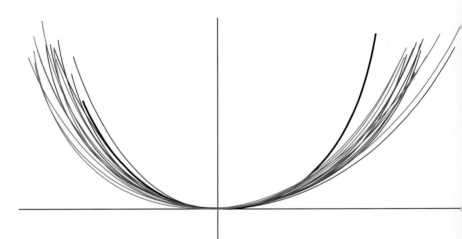

图 7–5　钢圈与乳房钢圈围比较

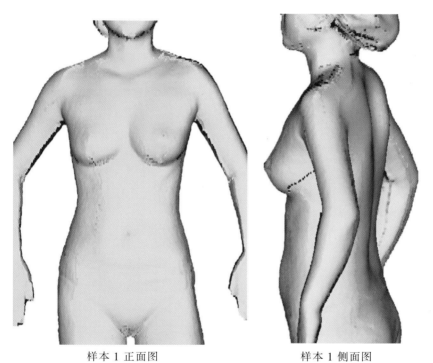

样本 1 正面图   样本 1 侧面图

附表 4-1　样本 1 乳房正面、侧面测量云图

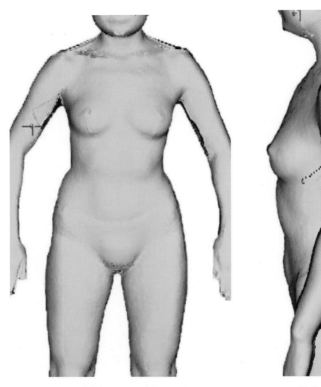

样本 2 正面图　　　　　　　　　样本 2 侧面图

附表 4-1　样本 2 乳房正面、侧面测量云图

女性乳房特征与文胸结构设计

梁素贞　著

苏州大学出版社

图书在版编目(CIP)数据

女性乳房特征与文胸结构设计/梁素贞著.—苏州：
苏州大学出版社,2014.5
ISBN 978-7-5672-0872-8

Ⅰ.①女… Ⅱ.①梁… Ⅲ.①胸罩—设计 Ⅳ.
①TS941.717.9

中国版本图书馆 CIP 数据核字(2014)第 103589 号

女性乳房特征与文胸结构设计

梁素贞　著

责任编辑　方　圆

苏州大学出版社出版发行

（地址：苏州市十梓街 1 号　邮编：215006）

苏州恒久印务有限公司印装

（地址：苏州市友新路 28 号东侧　邮编：215128）

开本 880 mm×1 230 mm　1/32　印张 6.25(插页 6)　字数 121 千
2014 年 5 月第 1 版　2014 年 5 月第 1 次印刷
ISBN 978-7-5672-0872-8　定价:29.50 元

苏州大学版图书若有印装错误,本社负责调换
苏州大学出版社营销部　电话:0512-65225020
苏州大学出版社网址　http://www.sudapress.com

目录
CONTENTS

绪 论

1.1 课题研究的目的和意义

我国的内衣体系和现代服装体系相似,都是随着 20 世纪初期中国传统服饰的消亡而逐渐融入到西方服饰体系中的。20 世纪 80 年代后,随着改革开放的深入和经济的发展,服装业的变化日新月异,各种服装品牌大量上市,国外服装品牌也不断进入中国市场。人们对服饰的认识日益深入、要求日益提高,逐渐从对外衣的讲究转变为对内衣的关注。作为内衣的典型代表——文胸,成为了女性必不可少的生活用品之一。

乳房立体形态特征是文胸设计最重要的依据。文胸虽然面积小,但由于女性胸部造型本身的特殊性以及文胸的独特功能——贴合身体和矫正身体形态,在裁剪、制作和材料使用方面都比外衣复杂、精细得多,可以说,它是服装设计中的"尖端项目"。因此文胸的设计和生产更需要专业设计人员和制作工艺师进行认真的研究分析,不断试制改进。文胸结构设计需要文胸结构设计师有专业的理论知识和实战经验。文胸结构设计师不但要了解内衣的面辅料特性、生产工艺流程,更重要的是还要了解人体体型特征,尤其是女性乳房立体形态特征。只有全面了解女性乳房立体形态特征,才能设计出符合人体体型特征的健康文胸。

乳房细部特征尺寸数据是文胸结构设计的基础。我国目前还没有国民体型数据库,对文胸号型的分类和文胸结构设计都只能依靠国标里面的胸围和胸下围,而这两个尺寸远不足以描述女性乳房的立体形态特征,更不能为科学合理的文胸结构设计提供完善的基础数据。因此,乳房细部特征尺寸的研究是很有必要的,文胸结构设计的合理性也需要通过乳房细部特征尺寸进一步验证。

国内文胸在设计技术和材料使用上跟国外相比有一定的差距;文胸专业设计人才相当匮乏;文胸数据尺寸没有统一的标准要求,也很少对不同地区、不同年龄段的女性乳房特征做比较。这些原因造成了如下局面:内衣行业经过了十几年的蓬勃发展后,而今进入"瓶颈"阶段;文胸等内衣市场仍以境外品牌为主,著名文胸品牌大多数是国外品牌,国内文胸品牌相对较少,而且市场竞争力也比较弱。

基于以上原因,本书旨在通过非接触三维人体测量技术获得一定样本量的西部女大学生的人体数据,通过对乳房细部特征尺寸数据的统计、分析,寻找文胸结构设计中主要细部尺寸的人体特征尺寸依据,建立乳房细部特征尺寸与文胸结构设计中主要细部尺寸之间的量化关系,验证目前内衣企业文胸经验结构设计的合理性。

本书的研究结果,一方面将有助于文胸结构设计更具规范化、科学化,文胸造型设计更具合体性、舒适性;另一方面能为高校内衣专业教育提供基础研究,为内衣企业开拓西部文胸市场提供必要的人体尺寸依据,一定程度上可促进中国内衣行业的发展。

1.2 国内外文胸设计研究现状

1.2.1 国外研究现状

国外在文胸设计及人体体型数据分析方面已经做了大量的研究。

自 1935 年美国华纳公司根据女性不同的胸部形状,推出了文胸的号和 A、B、C 的罩杯规格后,英、美、日、德等国对建立在人体工学、结构力学、人体解剖学上展开的内衣与人体关系的研究就从未中断,大家把研究重点放在舒适功能产品的开发上,在注重功能材料开发、利用的同时,关注文胸结构与人体曲面吻合的研究。为了开发适合女性体型的内衣产品,日本的研究机构专门针对女性胸部进行科学分析。华歌尔内衣公司开发了专门用于内衣结构设计的人体测量系统和测试装置,并对女性美的标准进行了评价,使内衣设计朝着美化体型和穿着功能化的方向发展;并以人体测量数据为基础进行结构设计,推出适合亚洲各地女性需要的产品,使内衣设计融入了更多的科技含量。德国的研究人员对紧身针织内衣进行了合身性评价,将人体基本尺寸与服装结构设计参数相关联,并应用到内衣服装 CAD 设计系统中。

美国奥本大学的学者对服装原型的规格尺寸进行了标识,并从穿着者自身角度进行了合身性定义。韩国忠南大学(Chungnam National University)纺织制衣学院的科研人员应用3D相位扫描技术,对37名女性进行测量,研究出一种确定女性乳房边缘线的测量方法。这种方法不仅能够准确获得乳房根部的曲线造型,而且能够准确反映乳房底面积和体积,为女性乳房形状的确定提供依据。乳房根围曲线是影响文胸舒适性、合体性的重要参数,这一技术为促进文胸合体性的研究提供了重要的参考依据。

1.2.2 国内研究现状

相比之下,国内在文胸及人体体型数据方面的研究还比较少。只是近些年来,一些相关的科研单位和企业才开始注重对人体数据的研究,通过测量大量的人体数据来研究人体胸部形态与文胸结构和造型设计之间的关系,为提高文胸的合体性和舒适性服务。

香港理工大学的李毅博士、西安工程大学的张欣博士等应用三维人体生物学模型研究乳房对紧身服装、运动文胸产生的压力情况。在三维人体几何模型的基础上,建立有限元力学模型来描述人体及文胸的接触压力、服装应力分布和变化、服装压力分布和动态变化、皮肤和软组织中的应力——应变动态分布。图1-1是模拟乳房向下运动及弹跳状态,图1-2是服装压力分布情况。

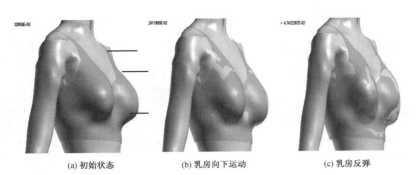

(a) 初始状态   (b) 乳房向下运动   (c) 乳房反弹

图 1-1　模型模拟乳房向下运动及弹跳状态

STEP 10 TIME=2.2411905E-02
PRESSVER(M)

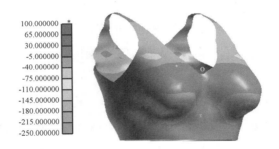

STEP 20 TIME=4.7422267E-02
PRESSVER(M)

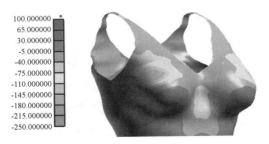

图 1-2　服装压力分布情况

陕西省服装工程中心(西安工程大学)引进了法国力克公司的激光三维人体扫描仪及部分相关配套软件,几年来已先后扫描了几百名我国西部18～30周岁的青年女大学生体型并对其数据进行了分析,积累了大量的数据和分析结果,为女性乳房立体形态和文胸结构设计的研究打下了良好的基础。东华大学1996年与日本华歌尔公司合作创立了人体科学研究室,分区域对中国女性体型进行研究,并依此设计和制作了中国女性标准人体模型,按照中国女性的体型进行产品设计和开发。

2004年5月28日中国内衣创新科技中心在具有"中国内衣名镇"之称的广东佛山南海盐步镇成立,该中心引进德国三维人体扫描技术,开发人体数据库,旨在凭借现代科学技术对中国内衣业进行革命性的变革和提升,从而提高中国内衣在国际市场上的竞争力。

台湾佳资集团根据人体美学、人体工程学、结构力学、解剖学原理对运动塑身内衣进行人性化设计,通过电脑数码测定,保证产品对任何体型和脂肪弹性状况的女性都能发挥十分显著的美体、塑身效果。桑扶兰内衣有限公司,从肩带的稳定性着手,对肩带扣进行改进,研发出45度"心"型扣,通过改变肩带的受力方向,解决文胸肩带滑落的问题。

爱慕内衣有限公司于1999年与北京服装学院合作成立了北京—爱慕人体功能光学研究所,旨在指导内衣等服装产品的设计与结构调整。他们研究的人体外轮廓仪(Shapeline)可以通过数码摄像、电脑计算和运算分析,测出人体各部位80多个精确数据。同时该仪器能够对数据进行自动运算,将计算结果与人体工学研究所的标准人体数据模型进行比较,得出体型类型、乳房状态、三维状态等项目的评价结果和调整建议,找出决定人体体型是否美丽的主要因素。这一研究成果推动了内衣基础理论及其应用的研究,为爱慕品牌内衣赋予了高科技的含量。

除此之外,东华大学、浙江大学、北京服装学院、西安工程大学、湖南工程学院、中原工学院等高校,也都有相关人体体型特征研究与分析,探讨人体与服装合体性的相关研究。

1.3 存在的问题

纵观以上国内外对文胸设计的研究现状,发现人体体型数据及文胸舒适性的研究已成为国内外学者和研究机构研究的热点问题,而对文胸结构设计的研究还比较少,尚处于探索阶段,存在的主要问题有:

(1) 缺乏对女性乳房立体形态进行分年龄段、分区域分析。

女性乳房立体形态是影响文胸合体舒适性的重要因素,它在不同时期呈现出不同的特征。因此不同年龄段的女性对文胸功能的要求也有所不同:发育阶段的少女,注重乳房、乳头的保护,文胸要有一定的塑形作用,以满足女性追求曲线美的心理需求;青年未育女性,乳房丰满且富有弹性的女性,注重文胸的合体性及防止乳房下垂,文胸要具有美观、舒适的提胸功能;已育或中老年女性,乳房下垂、外阔,注重文胸的提胸、侧收塑身作用。

同时,我国地域辽阔,不同地区的女性在体型特征上也有很大的差异。但是在文胸实际生产中,往往只是以女性胸下围、胸差值

（胸围与胸下围之差）作为文胸号型分类的标志，没有考虑年龄和地域的差异性。

（2）缺少对文胸结构设计中主要参数与乳房细部特征尺寸间关系的研究。

文胸结构设计中涉及的参数很多，仅凭胸围和胸差值两个尺寸数据的经验来进行结构设计是否具有合理性，需要通过大量的人体测量和数据统计分析加以验证。

1.4 研究内容与方法

1.4.1 研究内容

本书的主要研究内容是以三维人体测量数据为基础，研究乳房的基本形态特征以及文胸结构设计中主要细部尺寸与乳房细部特征尺寸之间的关系，具体包括：

（1）根据现代人的乳房审美标准及不同乳房立体形态对文胸功能的不同要求，将乳房基本形态加以分类，并确定其中的标准型乳房立体形态作为文胸结构设计的人体依据；

（2）对女性乳房关键部位的测量数据进行统计分析，提取描述女性乳房立体形态的特征因子；

（3）建立文胸结构设计中主要细部尺寸与女性乳房细部特征尺寸间的量化关系；

（4）验证目前内衣企业文胸经验结构设计、推档放码的合理性；

（5）设计、制作文胸，并通过真人试穿及主观评价，验证研究结果的有效性。

1.4.2 研究方法

本书以 18～25 周岁、出生地和成长地都在西北地区的女大学生为研究对象，从乳房的基本形态、特征尺寸等方面，对这一目标人群进行分析与研究。具体研究方法及步骤如下：

（1）企业实际调研：在确定课题研究方向之前，深入广东佛山南海盐步内衣企业，对文胸设计和生产现状进行实地调研，为本课题研究做好准备。

（2）样本优化：首先利用三维人体扫描仪对已测量的 254 个我国西部女大学生的 10 个跟乳房基本形态有关的胸部关键部位进行切片、选点、计算；再以现代人的乳房审美标准为依据，将乳房基本形态分为内敛—偏高型、内敛—中间型、内敛—下垂型、外阔—偏高型、外阔—中间型、外阔—下垂型、中间—偏高型、中间—下垂型、标准型 9 种类型，并将其中的 102 个标准型乳房样本定为研究的人体依据。

（3）优化样本的主观验证：从 102 个标准型乳房样本中随机抽取 2 个样本，设计问卷，通过直接走访、电话访问、邮件发放的方式，验证优化样本的有效性。

（4）乳房细部特征尺寸数据库的建立：根据文胸结构设计的需要，对优化样本的乳房关键部位进行切片、选点、计算，建立女性乳房细部特征尺寸数据库。

（5）乳房特征形态因子的提取：利用统计分析软件对采集数

据进行奇异值、相关性及主成分分析,提取描述乳房特征形态的因子。

（6）文胸结构设计中主要细部尺寸与乳房细部特征尺寸间的量化关系:寻找内衣企业文胸结构设计中主要部位的人体乳房细部特征尺寸依据,并建立两者之间的量化关系,为文胸结构设计提供科学的人体依据,同时验证目前内衣企业文胸结构设计的合理性。

（7）文胸设计制作及评价:利用本书的研究结果设计制作文胸,并通过真人试穿试验及主观评价,验证本书研究结果的有效性。

1.5 本书结构安排

本书共分9章,具体安排如下:

第1章:绪论。

阐述本课题研究的意义;综述文胸设计的国内外研究状况,指出目前存在的问题;最后介绍本书的研究内容及方法。

第2章:内衣企业文胸设计的调研与分析。

以对内衣企业的实地调研为基础,介绍目前内衣企业文胸的设计、生产方式,指出其存在的问题及初步的解决方案——三维人体体型数据库的应用。

第3章:女性乳房生理特征与文胸构成要素分析。

简要地介绍乳房的生理特征、文胸的构成要素及其特点,并分析文胸主要部位的受力情况。

第 4 章:基于三维人体测量的乳房基本形态研究及样本优化。

从现代人的乳房审美标准出发,通过人体测量,提取 10 个与乳房美的评价相关的部位尺寸;分析乳房立体形态的整体分布特征;将乳房基本形态按乳间距和胸点高两个因素分为 9 类,并将其中的标准型乳房作为后续章节中文胸结构设计的人体依据;最后通过问卷调查,验证所选的标准型乳房美的普遍性。

第 5 章:女性乳房细部特征尺寸测量及数据分析。

根据文胸结构设计的需要,确定乳房细部特征尺寸测量项目;通过相关性分析,阐述乳房细部特征尺寸之间的关系;通过主成分分析,采用 8 个主成分表示描述乳房特征形态的 34 个原始测量项目。

第 6 章:文胸基础结构设计。

介绍乳房立体形态与文胸结构设计之间的关系;分析国内外文胸版型研究特点及尺寸确定方法和依据,为后续章节研究文胸结构设计中主要尺寸与乳房尺寸间的关系作准备。

第 7 章:文胸基础结构设计中主要尺寸与乳房尺寸间的关系。

阐述文胸结构设计中主要参数与乳房细部特征尺寸间的关系,并通过建立回归方程,验证内衣企业文胸经验结构设计的合理性;分析钢圈、乳房钢圈围和乳根围之间的关系以及文胸罩杯省量的计算方法。

第 8 章:基于本研究结果的文胸制作及评价。

简要介绍文胸的款式特点、面辅料的选择;根据测量分析的数据进行文胸结构设计,并介绍文胸的制作工艺及质量控制;通过文胸真人试穿实验及评价,验证本书研究结果的有效性。

第9章:结论与展望。

总结概括了全文,指出研究取得的成果及存在的不足,并提出下一步的研究方向。

内衣企业文胸设计的
调研与分析

本章针对目前我国内衣行业起步晚、国内文胸市场占有率低及竞争力不强的现象,通过对南方内衣企业的实地调研、分析,发现国内内衣企业在文胸设计、生产方面确实存在诸多问题。

2.1 实地调研

目前,国内内衣已形成三足鼎立的产业态势:南方以广东为代表,东部以上海为代表,而北方则以北京为代表。从厂家数量分布来看,南方占主导地位,其中尤以广东、上海最突出。相对而言,北方内衣企业较少,市场上内衣品种也多来自南方。从文胸产品风格来看,南方讲究样式开放、造型立体、色彩繁多、做工细腻;面料的选用多为丝绸、蕾丝花边、锦缎等上乘考究材料。从文胸消费来看,南方较注重浪漫主义,如南方人在文胸的选择上追求新颖、多

姿多彩,与流行趋势靠拢。

本书调研目的地为广东佛山南海盐步镇的内衣企业。广东佛山南海盐步是一个有"内衣重镇"之称的内衣名镇,该地区的内衣企业具有一定的代表性。其中大部分内衣企业是从20世纪80年代的外单加工发展起来的,在经历了十几年的蓬勃发展以后,现已经初具规模了:技术装备从手工操作、半机械化向机械化、自动化、电子信息化方向转变,生产模式也从家庭作坊向企业化转变。

2.1.1 文胸设计的特点

文胸作为女性的贴体服装,不仅要满足女性胸部独特造型的需求,在设计时还要具有普通服装应有的时尚感。文胸是集人体美学、人体工程学、结构力学、材料学、心理学、人体解剖学等诸多学科于一身的服装之一。

一、文胸设计与成衣设计的区别

与成衣设计相比,文胸设计在思维方式上并没有什么大的差异,但文胸作为人体的第二皮肤,在设计上会更加侧重产品良好的合体性,在卫生、功能方面也有更多的关注,要求文胸设计师必须了解人体体型特征,精通面料特性,懂得版型制作和工艺过程。

(1)工艺和结构设计。从工艺和结构设计的角度来看,文胸要比一般的成衣复杂,推档放码的精度比成衣要求高,留给设计师发挥的空间也比成衣少得多。因此,做文胸设计重要的是概念、面料、色彩、功能性、时尚性及工艺的整体配合。

在同样具备了较高的艺术审美修养以及面料、工艺、版型等知

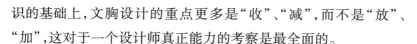

识的基础上,文胸设计的重点更多是"收"、"减",而不是"放"、"加",这对于一个设计师真正能力的考察是最全面的。

（2）作为文胸设计师,必须了解人体乳房的形态特征及各部位的详细尺寸;要清楚产品设计的对象及人群;要清楚产品设计的主旨是什么,是舒适还是功能;要注重面料、辅料的搭配及花样、颜色的选择,同时还要注意款式设计不能太繁琐。

二、文胸款式设计特点

文胸设计是龙头,是制作的灵魂。其原因有两个:第一,文胸因其着装后需紧贴身体,又要做到运动时不变态、不脱落,运动后透气性好,设计时要综合考虑力学、工学等各方面的影响因素;第二,文胸的生产工序繁琐,各个环节关联性很强,制作难度高、工艺复杂,如果前面一个工序没有做好,就会对后面的其他工序造成连锁反应。

三、文胸的组料特点

文胸的组料相当繁杂。一般情况下,一件文胸需要主面料、花边（蕾丝）、网眼布、拉架布、无纺布、针织布或细布、橡皮筋、钢圈、钩扣、调整环、捆条、装饰花、肩带、缝纫线等几十种面料和辅料。

四、文胸的生产与工艺特点

文胸的生产是群体性集合作业方式,需很多人同时工作才能完成。普通文胸的制作时间是每件 10 分钟以上,分为 20 ~ 30 道工序,随款式的简易或繁杂有所增减。在每件 10 分钟的文胸工艺中,要使用到十几种不同针迹功能的特型缝制机器,而且每道工序都有严格的针迹规范。在制作的同时,还要做好车工自检、生产组长巡检的工作。产品生产过程完成后,要送往经过专业培训的检验室,由专检人员进行全方位品质复验和检针。

2.1.2 内衣企业的文胸设计操作

内衣企业的文胸设计主要有款式设计与结构设计两个方面,前者关系到文胸的造型美观性,而后者与文胸穿着的合体性、舒适性关系比较密切。

一、文胸款式设计

目前国内内衣企业在文胸款式设计上,原创性的款式不多,有些中小型企业甚至没有自己设计的款式。大多数内衣企业通过以下3个途径来实现文胸的款式设计:

(1)原创型。

设计师凭借对内衣的理解、市场的洞察、流行的预测,加上以往的经验,设计出符合季节特点的文胸,这种做法目前国内的内衣企业用得比较少,尤其是中小型企业,存在一定的市场风险。

(2)借鉴型。

这是目前国内大部分内衣企业所采用的方式,包括国内的一些著名内衣企业。规模较大的内衣企业设计师在每季的文胸产品发布会或订购会之前都会到国外(如法国、意大利等)参加一些内衣流行发布会,购买一些比较热销的文胸,然后根据本公司的文胸产品风格进行"加工"。

(3)抄袭型。

这种做法虽然不光彩,但在中小型内衣企业中用得还不少,尤其是那些生产中低档品牌的内衣企业。该操作方式设计成本低，市场风险相对小，而且根据目前国内的文胸消费水平来看，它有一定的市场空间。类似于借鉴型的做法，内衣企业老板和设计师在每年秋冬、春夏订购会之前，到世界各地收集信息，购买一些企业老板和设计师认为在国内有市场的文胸，回来拆版、翻作，有些甚至连面料、色彩都不变。此外，有些小型企业甚至直接购买国外的一些相关书籍，设计师将看中的款式复印出来，让制版师做成一模一样的效果。

二、文胸结构设计

国内外内衣企业文胸结构设计的方法归结起来主要有两种，即立体裁剪法和平面裁剪法。

（1）立体裁剪法。

立体裁剪法是指在文胸专用的人台上，用立体裁剪的方法获取文胸版型。立体裁剪法的优点是版型直接从立体的人台上获得，避免了从立体到平面，再从平面到立体过程的误差，达到了结构设计的最佳状态；缺点是设计成本高、过程复杂、手法难以把握。

（2）平面裁剪法。

平面裁剪法是按照一定的尺寸、规则和经验公式在平面的纸上或者其他材料上直接将文胸版型画出。平面裁剪法包括两种：第一种是比例分配法，先确定成品的规格尺寸，然后用基本部位的规格尺寸进行结构制图；第二种是原型制图法，以文胸原型为基础，通过对其省道变换等方式制作所要求款式的结构图。平面裁剪法的优点是方法容易掌握，过程简单；缺点是需要有高度的经验值,需要长期的经验积累。

鉴于以上两种方法的优缺点,欧美一些内衣发展比较发达的国家及国内少数大型内衣公司多采用立体裁剪的方法来获取文胸版型。然而,笔者根据本次调查发现,目前我国大部分内衣企业在文胸版型的获取上还是以平面方法为主,即采用上述平面裁剪法中的比例分配法进行文胸版型制作,制出样衣以后,再根据人台和真人试穿的效果进行修改,其具体制作步骤如图 2-1 所示。

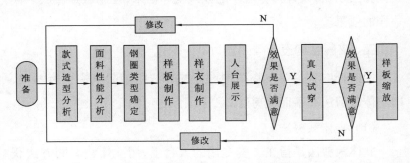

图 2-1　文胸结构设计简易流程图

款式造型分析:制版师拿到文胸款式图之后,首先进行款式造型分析,是 1/2 杯的、3/4 杯的,还是全罩杯的。款式不同,制版时各部位尺寸的大小也有所差异。

面料性能分析:面料的性能差异直接关系到文胸结构设计中各细部尺寸的确定。因为文胸的面料大多是针织面料,具有较大的弹性,而且在缝制过程中会产生不同程度的收缩,所以在制版时要充分考虑其弹性和回缩率的大小。

钢圈类型确定:钢圈类型与文胸的款式造型、功能都有很大的关系,同一款式造型的文胸,功能不同,选用的钢圈也大不一样。

决定钢圈的种类除了其形状以外,还有两个重要的参数:内径和外长。内径是指钢圈的两个端点(前中心位和侧位)内缘的直线距离;外长是指外缘线的长度,如图 2-2 所示。钢圈按照外形特征、心位和侧位的形态(心位和侧位的高度差 h 值)可以分为高胸型钢圈、普通型钢圈、低胸型钢圈、连鸡心型钢圈、托胸型钢圈等几大类,图 2-3 为 75B 普通型钢圈。

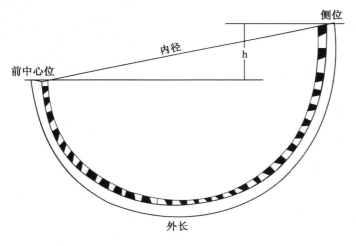

图 2-2　钢圈示意图

钢圈号型规格(内径、外长)的确定有两种方法:一种是先制版再确定钢圈,制版师根据文胸的款式造型及功能,先将样版制好,再根据罩杯的下边缘尺寸来确定钢圈的号型规格;另一种刚好相反,是由钢圈的号型规格来确定文胸的下边缘的形状及尺寸。

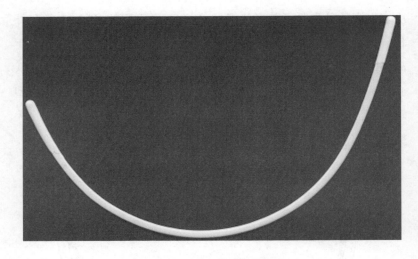

图2-3　75B普通型钢圈

样版制作:主要有罩杯制作、鸡心和侧翼的制作及各部位尺寸核对等,其中罩杯的制作是关键,直接关系到文胸的造型美观性、穿着舒适性及合体性。文胸结构设计不像成衣制版那么简单,制版师不但要有丰富的实际操作经验,还要以人体胸部特征尺寸数据为指导。遇款式比较复杂的文胸,尤其是夹棉型文胸和单层文胸,制版师可能仅对罩杯部位就要进行好几次修改,直到罩杯线条流畅、杯型饱满方可(罩杯要有一定容量才能包覆乳房)。

样衣制作:制版师将制好的样版同成品尺寸一起交给样衣工。样衣工必须严格地按照成品尺寸做出样品。期间,制版师要起到指导、监督的作用,以保证样品如期顺利完成。

样衣试穿:样衣试穿一般分为人台试穿和真人试穿。制版师先将样衣在人台上试穿,看大体效果,没有问题后再真人试穿。规模较大的内衣企业有穿着不同号型的真人内衣模特,中小型的直接在企业内部寻找穿着匹配号型的员工代替。文胸真人试衣实际上是一个小型的评价会,内衣企业会邀请公司设计部、销售部、市场部等部门代表共同参与,对文胸的合体性、美观性、材料应用的合理性等做出评价,并提出修改意见。然后设计师及制版师要根据各部门提出的意见对文胸进行不断的修改,直到真人试穿满意为止。此外,有些文胸可能在试穿的过程中由于种种原因,直接就被淘汰了。

推档放码(也叫推版或版型放缩):这是文胸工业化生产中非常重要的一步,也是样版制作的最后一步。一般以75B(胸下围为75厘米,杯型为B型)的文胸号型为基准码,在此基础上按一定的档差和规则推出其他号型的样版。

2.2　存在的问题分析及解决方案

从笔者的实地调研及深入内衣企业同文胸设计师、制版师、生产人员的交流中发现,目前内衣企业文胸设计、生产方面存在着诸多问题,可归结为款式设计及结构设计与生产两个方面。

2.2.1　文胸款式设计方面

一、存在的问题

目前我国中小型内衣企业在文胸的款式设计方面以抄袭居多,企业很少甚至没有自己设计的东西,一定程度上造成国内文胸品牌的市场竞争力低。这主要有两个方面的原因：一是随着生活水平的提高，人们对文胸的时尚性追求越来越高，文胸的款式流行周期越来越短，内衣企业为了节约成本、降低生产风险，往往采取"借鉴"市场上其他品牌中销售较好的款式；二是我国内衣设计人才的匮乏，我国内衣行业起步晚，内衣专业的高等教育至今还在起步阶段，文胸设计人员大多是半路出家的，没有受到正规的系统教育，文胸设计发展到一定阶段以后就很难实现新的突破。

二、解决方案

上述存在的问题需要内衣企业及其他相关部门的共同努力才能取得一定的成效。高校的服装设计专业应当开设内衣设计相关课程甚至创办内衣专业，有意识地培养内衣设计方面的人才；内衣企业在文胸的款式设计上应该根据市场流行趋势并结合企业产品的风格，自行开发新产品，以提高产品的市场竞争力和品牌附加值。

2.2.2　文胸结构设计及生产方面

一、存在的问题

（1）规格号型没有地域针对性。

我国幅员辽阔，不同地区的人体型差异较大，如表2-1的数据所示。北方人体格高大、骨骼较粗、胸廓厚、肩宽腿长，所需的文胸尺寸也较大；而南方人体格较小、肩窄胯宽、腰围细长，相对来说文胸尺寸较小。因此文胸设计时要考虑不同地区的人体体型差异。这不但有助于不同地区女性购买到合体的文胸，也有利于内衣企业的文胸设计及生产方案制订。

表2-1 不同地区人体平均尺寸（与文胸设计相关）

单位:厘米

部位＼地区	北方地区	中部地区	南方地区
人体高度	158	156	153
胸围	85.3	84.3	82.7
胸廓前后径	20	20.3	22
肩峰高度	129.5	127.8	126.1
上身高度	56.1	54.6	52.4
臀部高度	30.7	31.9	32
腰围	69.6	67.3	64.2
肩宽	38.7	39.7	38.6

　　然而,目前我国大部分的内衣企业对不同地区的人体体型缺乏调研分析,盲目地将小号型文胸产品投到北方市场,或者将大号型文胸产品投到南方市场。这对内衣企业本身来说是一种浪费,也给消费者购买产品带来不便。例如,广东某家中型内衣企业生产的一款文胸,原本卖105元每件,而现在是15元两件却无人问津,原因是罩杯太小,不适合在北方大量销售。

　　解决这个问题的一个简单方法是:企业在文胸设计生产之前,要针对产品目标销售区域的女性人体体型特征做市场调研,可以针对消费者或文胸销售人员设计问卷,收集目标地区穿着不同号型文胸的女性所占的比例及胸围、胸下围等关键部位的尺寸数据。这种方法简单可行,但周期长,而且需要耗费大量的人力和财力。

因此很多内衣企业不愿意做这项工作。

（2）胸围与胸下围不足以为文胸号型分类和文胸结构设计提供依据。

人体乳房是立体的,从侧面看可分为:扁平型、普通型、半球型、圆锥型等,如图 2-4 所示。不同的乳房立体形态,各细部的尺寸存在很大的差异。然而,目前我国还没有全面的国民人体数据库,这给文胸设计和生产至少带来以下两个方面的问题:

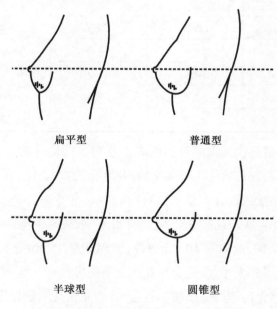

图 2-4　乳房侧面形态

① 文胸号型分类不合适。目前我国文胸号型的制定是以胸下围作为文胸的号,以胸差(胸围和胸下围之差)作为文胸的型。然而,从图 2-4 可以看出,不同形态的乳房,即使胸差、胸下围一样

（在目前市场只能选择同号型的文胸），它们的立体造型也相差甚远。例如，半球型的乳房与圆锥型的乳房，假设它们的杯型都是 B 型，即胸围与胸下围之差都是 12.5 厘米左右，从图 2-5 中可以很明显地看出半球形乳房的乳横宽（决定乳房底盘面积，图 2-5 中的 b）比圆锥型的要大得多，而乳深（决定乳房的坚挺程度，图 2-5 中的 a）却小得多。

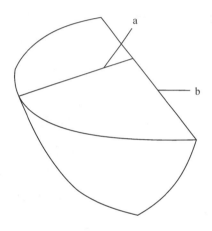

图 2-5　乳深与乳横宽

由此可以看出，只用胸差与胸下围描述的乳房立体形态特征是不全面的，至少会造成两个不同的后果：一是乳横宽大的女性，文胸的钢圈压住乳房，杯容量过大，形成"鸭胸"；二是乳深大的女性，罩杯深度不够，乳房处于被挤压状态，不但起不到美化、保护乳房的作用，长期下去还会带来种种乳房疾病。

② 文胸结构未能根据实际情况设计。乳房细部特征尺寸数据是文胸结构设计的基础。由于我国文胸数据尺寸没有一个统一

的标准,制版师在文胸结构设计时唯一能参照的只有国标里面的胸围和胸下围,这两个数据远不足以全面、正确地描述人体的乳房特征,因此他们在文胸结构设计过程中对主要细部尺寸的确定只能依靠以往师傅传授给他们的或自己多年来积累下来的经验,缺乏规范化的公式等作为参考依据。

（3）文胸合体性判断带有片面性。

文胸由于要求紧贴人体,在样版制作以后需要通过真人模特试穿不断地加以修正。而目前,大多数内衣企业为了节约成本,在文胸的试穿上比较草率,多用企业员工代替专业的内衣模特,代表性差。

二、解决方案——三维人体数据的应用

对于以上文胸结构设计及生产方面存在的问题,可以通过提取三维人体测量数据并建立对应的三维人体数据库来解决。根据文胸结构设计的特点,利用三维人体扫描仪测量大量的女性人体,并对其乳房的关键部位进行切片、选点、计算,提取描述乳房立体形态的胸围、胸下围、乳房钢圈围、乳平围、乳平距、乳深、下奶杯长等部位特征尺寸;通过统计分析,将这些乳房细部特征尺寸与文胸结构设计中主要细部尺寸建立对应的量化关系;同时,在国标原来乳房分类的基础上根据其造型差异进一步细分,并统计其所占的比例。这样的数据库经过长期的不断完善（比如从年龄、地区再细分）及样本容量的不断增加,就具有一定的代表性,通过网络资源共享,可以解决以下问题:

（1）企业在文胸生产之前,通过网络查询,统计不同地区穿着不同文胸号型的大概人数比例,在文胸号型设置时可以有针对性地选择,既可以避免企业生产的盲目性,又缩短了文胸产品的生产周期。

(2)为文胸结构设计师提供更为详细的人体尺寸依据及文胸主要细部尺寸的参考公式,使文胸的结构设计更科学、规范。

(3)以此数据库为基础,可以开发三维人体试衣系统,建立不同体型特征的虚拟人台并赋予真人的生理特性,使其穿上文胸后有接近于真人模特试穿的效果,既解决了目前内衣企业在文胸合体性判断上存在的片面性,节约内衣企业的生产成本,又可以很大程度上解决内衣尤其是文胸网络销售的瓶颈问题。

2.3　本章小结

本章对目前国内内衣企业文胸设计、生产方式及其存在的问题做了一个较为全面的阐述,并提出了有效而又普遍的解决方案,说明现阶段对基于三维人体测量的文胸结构设计中主要细部尺寸的研究是十分必要的。这既完成了本书的需求分析,也是下面章节研究内容的前提。

女性乳房生理特征与
文胸构成要素分析

❋ 3.1 乳房的生理特征

　　乳房主要由腺体、导管、脂肪组织和纤维组织等构成,如图 3-1
所示。乳房悬垂韧带(Coopers 韧带)起到支持和固定乳房的作用,
它使乳房既能相对固定,又能在胸壁上有一定的移动,对乳房有一
定的承托作用。

　　乳房是女性身上唯一没有骨骼支撑的器官,其腺体组织和脂
肪组织极易在皮肤松弛和腺体萎缩的状况下松懈下垂,需要借助
外部力量承托乳房,以矫正人体的形态,这时就需要文胸发挥作
用了。

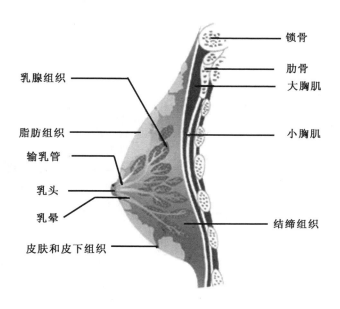

图 3-1　乳房的生理组成

3.2　文胸的构成要素

3.2.1　文胸的结构特点

一、文胸的各部位结构

文胸虽小,但其结构相当复杂,一般由胸位、肩位和背位三大部分组成,图3-2为"无下扒"型文胸主要结构部位介绍(国内外叫法不一,这里仅供参考)。

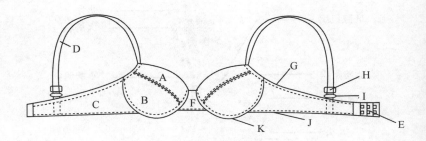

A 上杯　B 下杯　C 侧翼　D 肩带　E 钩圈

F 鸡心　G 上缘　H "8"型扣

I "O"型扣　J 下缘　K 钢圈

图3-2　"无下扒"型文胸各部位名称

二、文胸各部位的特点

上杯:文胸罩杯的上半部分,通常是一整片。上杯的上缘线也叫文胸的杯边,其松紧程度直接关系到文胸的贴体程度。上杯杯边的形态是文胸造型设计的重点,决定文胸的风格。

下杯:文胸罩杯的下半部分,有一片和两片之分。两片破缝的下杯结构更合理,穿着更舒适。下杯的大小和深浅直接影响罩杯穿着的舒适程度,设计时可以利用下杯的造型抬高和推挤胸部,达到修正和美化乳房的效果。

侧翼:文胸罩杯和钢圈下方裹住胸部下围的地方,帮助罩杯承托乳房并固定文胸位置,也是构成胸下围的主要部分。

肩带:连接文胸罩杯与侧翼的部分,可以进行长短调节,利用肩膀吊住罩杯,起到承托作用。

钩圈:一般有三排可以选择,可以根据胸下围的尺寸进行尺寸调节。

鸡心:文胸的正中间部位,起定型作用。鸡心有宽有窄,有高有低,宽度通常是2厘米,高心位通常与胸围线齐平,低于胸围线的称为低心位。

上缘:罩杯上侧点向后至后中心的边缘。将边茄全部收束于文胸中,起到固定作用。

"8"型扣:调节肩带长短的,形状好像"8"字。

"O"型扣:作为活动肩带勾挂之用,一般用于可拆卸肩带的文胸中。

下缘:支撑乳房,可固定文胸的位置,根据胸下围的尺寸确定。

钢圈:有合金的也有塑料的,环绕乳房半周,起支撑乳房、改善乳房立体形态和定位的作用。

3.2.2 文胸的分类及其构成要素特点

文胸的分类标准有很多,主要有按文胸材料的构成、罩杯的款式等分类方式。

一、按罩杯材料构成分类

文胸从罩杯材料构成的角度分为模杯围文胸、棉围文胸和单层文胸。

（1）模杯围文胸。

模杯围文胸是指罩杯部分用海绵高压定型成女性乳房外型，其外型圆浑自然、挺实丰满，根据年龄、体型的不同分为成人型和少女型。成人型的海绵罩杯胸点宽度为 14～16 厘米，容量较深；少女型的罩杯胸点宽度只有 12～14 厘米，容量浅。

（2）棉围文胸。

棉围文胸的罩杯是用 1000 号或 2000 号蓬松棉热压成 0.2～0.4 厘米厚度，粘压在两层针织面料之间，通过罩杯裁剪的变化和下缘钢圈的固定形成。棉围文胸手感柔软舒适，可利用罩杯的不同裁剪塑造各种造型来矫正和美化人体。

（3）单层文胸。

单层文胸是指用单层的弹力面料或弹力花边，通过裁剪和面料的弹性来塑造胸部的曲线。单层文胸的固形性相对较差，适合胸部较丰满的女性。欧美国家较流行单层文胸，而我国由于女性体型相对矮小纤细、胸部较平，单层文胸不太适宜。因此内衣企业大多推出可弥补和矫形的模杯围和棉围文胸。

二、按文胸罩杯容量分类

文胸罩杯的款式有多种变化，可设计成全罩杯、3/4 罩杯和 1/2 罩杯等。

（1）全罩杯。

全罩杯文胸也叫全包形文胸，面积较大，整体呈球状，可以将乳房整个包裹起来，特别是侧下位与前胸位紧密贴合人体，有较强的牵制和弥补作用，对乳房的支撑相对较多，提升效果较好。这类文胸适合胸部饱满或肌肉柔软、乳房下垂外阔的女性穿戴，由于能使穿着者胸部稳定挺实、舒适、稳妥，深受妊娠期、哺乳期妇女及年纪较大女性的青睐。

（2）1/2 罩文胸。

1/2 罩杯文胸是在全罩杯的基础上保留下方的罩杯支托胸部，常在胸口部位设计有花边，整个文胸呈半球状，在设计制作中大多数为可拆带式的。由于其稳定性较差，提升效果不强，适合胸部较小的女性穿着。

（3）3/4 罩杯文胸。

3/4 罩杯文胸介于 1/2 罩杯与全罩杯之间，利用面料的斜向裁剪及钢圈的侧压力，使文胸形成自两边向中间的推挤力，将乳房上杯向中间集中，使胸部呈现乳沟，性感迷人，造型漂亮，深受女性的青睐。

3.3　文胸各部位受力分析

文胸不同于一般的服装，其各部位的受力是不一样的。一件合体健康的文胸必须通过结构设计及材料的综合应用以达到穿着后各部位的受力平衡。

一、鸡心位

鸡心位的受力情况如图 3-3 所示。穿着时,鸡心片的 BC 和 B′C′分别受到两侧前侧片的拉力,且两拉力大小相等、方向相反;在弧 AB 和弧 A′B′上同时受到两罩杯的压力,存在竖直向下的分力作用。弧 AB 和弧 A′B′的形状与乳房造型有关,通常使用钢圈使得弧 AB 与弧 A′B′受力均匀,因此弧 AB 与弧 A′B′上所受的挤压力可看作集中于一点。当图中的各力达到平衡时,前心片处于平衡状态。

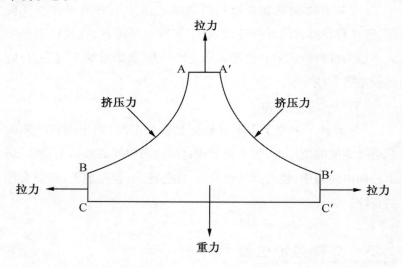

图 3-3　鸡心位受力图

二、罩杯

罩杯受力情况如图 3-4 所示,乳房大部分的重量都集中在罩杯下杯上。穿着时,罩杯上边受到肩带向上的拉力作用,肩带与上杯的连接点及肩带方向根据款式不同而不同,因此该拉力作用点及作用方向不固定。下杯侧向承受前心片的拉力,各点均受到乳房压力,且各点所受的作用力方向与该点所在的平面垂直。罩杯由于受到压力作用,从而与皮肤产生了静摩擦力。当以上各力达到平衡时,罩杯处于平衡状态。

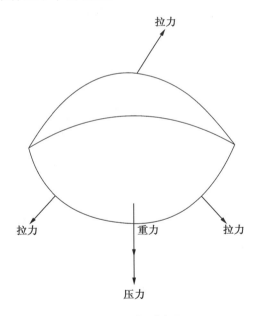

图 3-4　罩杯受力图

三、肩带

肩带受力情况如图 3-5 所示。穿着时,肩带两端分别受到罩杯和侧翼沿肩带方向的拉力,在肩部受到人体的支撑力,方向垂直于肩带与肩的接触平面;同时肩带还受到沿肩斜向上的静摩擦力作用。

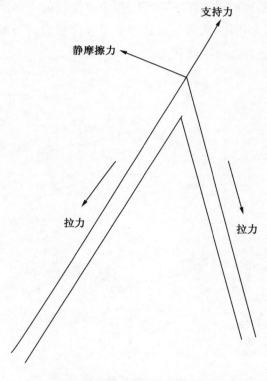

图 3-5　肩带受力图

四、侧翼

侧翼的稳定性决定着罩杯的稳定性,当肩带的力作用在侧翼上时,侧翼不能向上移,应保持位置不变,其受力情况如图 3-6 所示。侧翼在 AB 处受前侧片的拉力,DC 处受另一侧翼的拉力,在 AD 上受肩带的拉力,同时还受重力和静摩擦力的作用。由于肩带在侧翼的连接点不定,侧翼在该处的受力作用点和方向也不定。当以上各力达到平衡时,侧翼处于平衡状态。

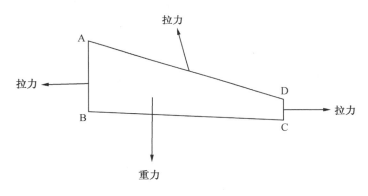

图 3-6　侧翼受力图

✳ 3.4　文胸的压力舒适性

随着生活水平的提高,女性对文胸的追求已不再局限于色彩的华丽和款式的新颖上,而是更加关注文胸的穿着舒适性。文胸压力舒适性是舒适性的重要组成部分,文胸的高度贴体使得女性在穿着文胸时对压迫感的主观感受尤为突出。压力值大小必须在一个恰当的范围,压力太大,会影响穿着者的穿着舒适性和身体健康;压力太小,达不到矫正和支撑乳房的作用。

3.5 本章小结

本章简要地介绍了乳房生理特征、文胸的结构部位特点、文胸的分类及其特点、文胸的受力情况、文胸的压力舒适性。从中可以看出,文胸虽小,五脏俱全,是最值得研究的服装之一。

女性乳房基本形态研究及样本优化

　　文胸是针对人体局部而设计的服饰,其尺寸的针对性很强。女性胸部表面起伏比较大,造型千变万化,这使女性胸部合体文胸的制作具有一定的特殊性和复杂性。女性的胸部立体形态直接关系到人体着装后的造型效果,而具有美化乳房功能的文胸是女性日常穿着的必需品,自然成为她们关注的焦点。不同的人,乳房立体形态各不相同,从而也决定了对文胸功能的差异要求。内衣企业在制订文胸生产方案时,必须考虑不同地区、不同年龄阶段的女性乳房立体形态特征及其分布情况。这将是内衣企业未来发展的趋势,也是提高其市场竞争力的有力措施。因此对乳房立体形态的分析研究成为内衣企业文胸设计和生产的关键。

4.1　影响乳房立体形态美的主要因素

据有关研究资料显示,从人体美学的角度看,乳房作为女性身体的一个重要组成部分,它的美必须受到全身比例关系的制约,其中乳房高度和乳间距是影响乳房立体形态美的主要因素。

乳房高度决定乳房在人体中的上下位置。现代人认为,乳房高度即胸围线位置在肩峰线和腰节线的中央最为合适,过高或过低都会影响其美观性。

乳间距也是决定乳房立体形态美的一个主要因素,两乳头间的距离太宽或太窄都不是理想的标准乳房。理想的乳头间距是两个乳头点和颈窝点三点构成等边三角形,即图 4-1 中的三角形近似为等边三角形。

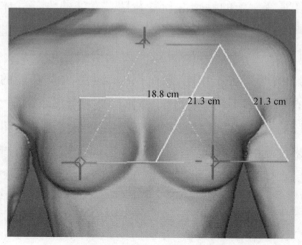

图 4-1　颈窝点与乳头点间的距离示意图

4.2　人体测量

4.2.1　测量对象

由于不同年龄阶段、不同地区的女性乳房立体形态特征各不相同,本书将测量对象定为年龄在 18 ～ 25 周岁之间、出生地和成长地均在西北地区的女大学生。因为此年龄阶段的女性乳房发育基本完善,而且其中大部分人没有生育史,皮肤富有弹性,乳房立体形态也相对比较完美,乳房细部特征尺寸可以为文胸结构设计提供科学的人体依据。

4.2.2　测量方法

人体测量方法分直接测量和间接测量。不同测量方法的选择直接关系到测量数据的准确性。因此测量方法的选择也是一个不容忽视的重要内容。

（1）直接测量。

直接测量以马丁测量法为主,主要利用软尺、人体测高仪、角度计、直角规、弯角规、三角平行规、平行定点仪等工具直接测出人体各部位竖向、横向、斜向及周长等体表数据。

直接测量的优点是直接、方便,工具简单。但由于这些方法是手工测量,受到测量者主观因素影响较大,特别是对于人体某些难以获得的特征部位的数据,有很大经验观察的成分在内。另一方面,直接测量时间较长,会使被测者和测量者感到疲劳和窘迫,容易给测量结果带来一定的误差。

（2）间接测量。

间接测量是通过中介的工具或者仪器获取人体测量数据的方法，在测量完成后还需对中介的工具和仪器进行后期的操作才能获得数据。

间接测量分为接触式和非接触式两种。接触式三维数字化扫描仪用探针感觉被测者表面并记录接触点的位置；非接触式三维数字化扫描仪用各种光学技术检测被测者表面点的位置，获取三维信息，并配备完善的图形处理软件。

（3）Tecmath 非接触式激光三维人体扫描仪。

本书采用法国力克公司的非接触式激光三维人体扫描仪及部分配套软件进行人体数据采集，该系统包括 VitusSmart 三维激光人体扫描硬件系统和 ScanWorX 数字化人体自动测量软件。VitusSmart 三维激光人体扫描硬件系统采用激光扫描，在 20 秒扫描 $225 \times 220 \times 285$（厘米）的区域，分辨率达到 0.5 毫米，如图 4-2 所示；系统包括四个柱子，每个柱子包括两个电荷耦合 CCD 摄像仪和一个激光器。被测者由激光扫描，8 个垂直运动的 CCD 摄像仪接受激光光束射向人体表面的反射光，随扫描头垂直移动的 CCD 摄像仪从 4 个角度采集与人体相关的数据点，系统计算被测目标与 CCD 摄像仪之间的距离，经组合后得到完整的三维扫描图形。ScanWorX 数字化人体自动测量软件可以处理人体上的 50 多万个数据点，将扫描结果以三维图形展示，系统按一定的规则进行自动测量，报告人体 80 个以上部位尺寸。该系统还可以通过交互式测量进行人体截面数据的提取和分析，用于对人体各个细部尺寸分析。

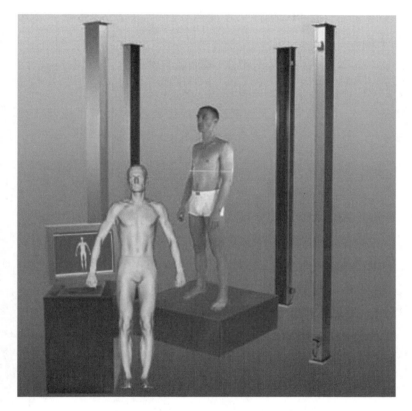

图 4-2　VitusSmart 三维人体扫描硬件系统

4.2.3　测量要求

（1）测量环境要求：测量室内没有照明，光线暗；环境温度 27℃ ±3℃，湿度 60% ±10% 。

（2）被测者穿着要求：被测者全裸或穿着普通内裤，头戴白色泳帽,将头发全部遮盖(不能垂落,否则会影响颈围、身长等部位测量数据的精确性和准确性),不能佩戴首饰、手表等(否则会反光,产生黑洞)。

(3)被测者测量姿势要求:被测者自然站立,脚放在扫描台上脚位标记处,双臂下垂,肘部微微上提、张开,肘点朝外,双手离大腿距离8~10厘米(不要握拳或用力)。测量时,自然呼吸,眼睛目视前方,不能摆动身体,测量姿势如图4-3所示。

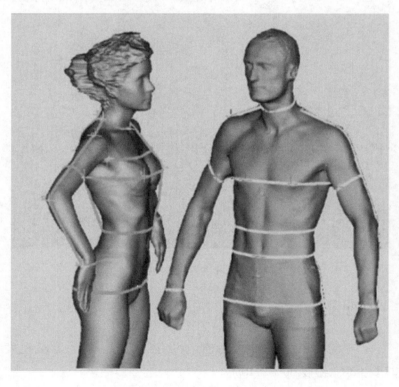

图4-3　人体测量扫描姿势示意图

4.2.4　测量部位

根据影响乳房立体形态美的主要因素及文胸号型制定规则，本章选取 10 个测量部位的尺寸,如图 4-4—图 4-6 所示。其中身

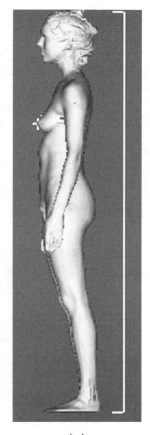
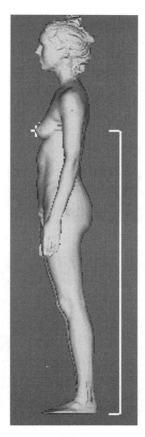

身高　　　　　　　　胸点高

图 4-4

高、胸点高、胸宽、胸围、胸下围是扫描仪自动报告的测量部位;乳间距、颈窝点—左乳点距、颈窝点—右乳点距、肩峰点—BP 点垂线距、BP 点—前腰节点垂线距是应用 TechmathScanWorx 软件对生成的三维人体图形进行交互式测量获得的。

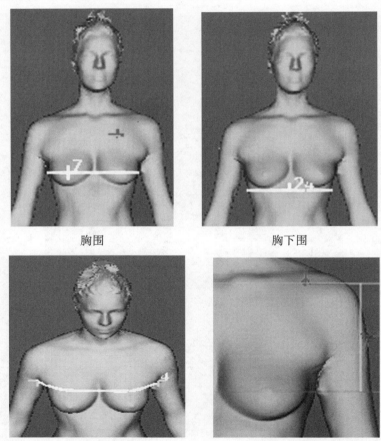

胸围　　　　　　　　　　　　胸下围

胸宽　　　　　　　　　肩峰点—BP 点垂线

图 4-5

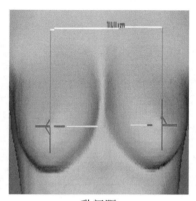

乳间距

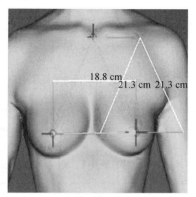

乳房三角形态

图 4-6

4.2.5 样本量的确定

样本中所包含的个体数量称为样本容量,即样本量。一般而言,样本量 N < 30 为小样本,N > 30 为大样本。样本量的确定取决于对估计精度的要求,精度要求越高,所需的样本量越大。在确定样本量时,既要避免因样本量过大而造成人力、物力、财力的浪费,又要避免因样本量过小而影响最终结果的准确性。

服装上样本量大小的确定通常是参照人体部位尺寸的容许误差和标准差。由于我国目前还没有统一的内衣数据标准,因此人体部位尺寸的容许误差和标准差只能参照外衣进行,如表 4-1 所示。在各项指标中,腰围的标准差与最大允许误差的比值 σ/Δ 最大,即它对需要的样本量要求最大,相对来说对腰围的精度要求最高。因而以腰围考虑为主,若对腰围的精度能满足要求,则其他指标的要求也能得到满足。所以本书以腰围的 σ/Δ 数值计算样本

量 N：

$$N = \left(1.96 \times \frac{\sigma}{\Delta}\right) = (1.96 \times 6.70)^2 = 172.45$$

确定样本量为 173 个（其中 1.96 是标准正态分布在 $\alpha = 0.05$ 时的概率）。考虑到下章节分类研究的需要，在时间、精力允许的情况下，样本量适当取大点，最终确定试验样本量为 254 个。

表 4-1　成年人体部位尺寸容许误差和标准差

部位	最大容许误差 Δ/厘米	标准差 σ/厘米	σ/Δ
身高	1.0	6.2	6.20
胸围	1.5	5.5	3.67
腰围	1.0	6.7	6.70
臀围	1.5	5.2	3.47
前颈腰长	0.35	2.3	6.57
后颈腰长	0.35	2.2	6.29

❋ 4.3　乳房的整体特征分析

4.3.1　乳房外阔、下垂情况分析

本书选择 254 个测量样本的乳间距、颈窝点—乳点距及 BP 点至前腰点垂线距离、BP 点至肩峰点垂线距离 4 个测量项目进行考察。通过均值计算，得出乳间距、颈窝点—乳点距平均值分别为 19.25906 厘米、19.14799213 厘米，比值为 1.0058，非常接近 1，也

就是图4-6中的三角形为正三角形。说明从整体上看,本书所选的样本与预期估测的一致,相对比较完美,没有外阔的趋势。BP点至前腰点的垂线距离、BP点至肩峰点的垂线距离的平均值分别为15.5厘米、16.6厘米,比值为0.9337,与1有一定的距离,说明该样本群体的乳头点高度偏低,有下垂的趋势。

4.3.2　胸围、胸下围、胸差的频度分布特征

胸围、胸下围、胸差是目前文胸号型分类的重要依据,因此了解其整体的分布情况对了解样本群体的胸部整体分布特征有重要的意义。

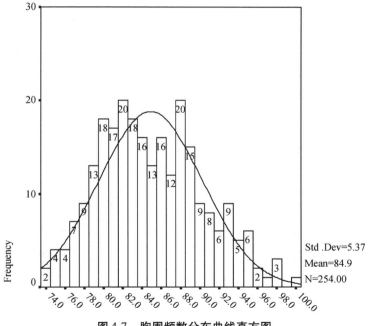

图 4-7　胸围频数分布曲线直方图

　　频数分布表可以方便地对数据按组进行归类整理,形成各变量不同水平的频数分布表和图形,以便对各变量数据的特征和观测量分布状况有个总的认识。本章通过对胸围、胸下围及胸差的频度分析,了解测量人群乳房基本特征和测量值的分布情况,图4-7、图4-8、图4-9 分别为胸围、胸下围、胸差的频数分布直方图。

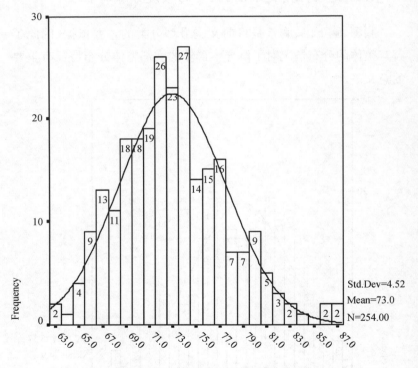

图4-8　胸下围频数分布曲线直方图

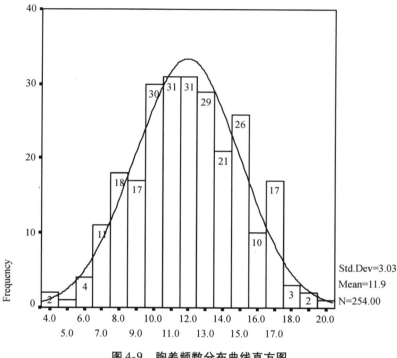

图 4-9　胸差频数分布曲线直方图

　　由图 4-7 可以看出,测量人群胸围值的分布曲线左偏,数据分布具有一个较长的右尾,峰值比标准的正态峰要低,但是基本服从正态分布。胸围值集中在 78～89 厘米之间,共 178 人,占总测量人数的 70%;胸围的均值为 84.9 厘米,稍微高于国标中间体 160/84 号型中的胸围值(84 厘米)。这与北方人的体格高大有关,也与我国国民体型数据的更新不及时有关。我国目前使用 GB/T 1335.2-1997(女子国标号型)的人体数据是在 1986 年至 1988 年间测量的。20 多年过去了,随着人民群众生活水平的提高,人体的体貌特征已经发生较大变化,许多数据已经发生了相应的变化。

图 4-8 的胸下围数值集中在 69~77 厘米之间,共 176 人,占总人数的 69.3%;图 4-9 的胸差均值为 11.9 厘米,约等于 12 厘米。图 4-8 与图 4-9 显示的结果表明,本章样本的整体乳房大小与文胸号型中的中间体 75B 接近。

4.3.3　文胸号型整体分布

根据文胸号型的分类标准(如表 4-2 所示),利用 SPSS 统计软件中"选择语句(Select Case)"功能将 254 个样本乳房所对应的文胸号型进行归档分类,得出分类结果如图 4-10 所示。

表 4-2　文胸号型标准　　　　　　　　　单位:厘米

文胸号型	胸下围	胸围与胸下围差	文胸号型	胸下围	胸围与胸下围差
65AA	63 – 68	7.5	75D	73 – 78	17.5
65A	63 – 68	10	75E	73 – 78	20
65B	63 – 68	12.5	75F	73 – 78	22.5
65C	63 – 68	15	80A	78 – 83	10
7OAA	68 – 73	7.5	80B	78 – 83	12.5
70A	68 – 73	10	80C	78 – 83	15
70B	68 – 73	12.5	80D	78 – 83	17.5
70C	68 – 73	15	80E	78 – 83	20
70D	68 – 73	17.5	80F	78 – 83	22.5
70E	68 – 73	20	85A	83 – 88	10

续表

文胸号型	胸下围	胸围与胸下围差	文胸号型	胸下围	胸围与胸下围差
70F	68－73	22.5	85B	83－88	12.5
75AA	73－78	7.5	85C	83－88	15
75A	73－78	10	85D	83－88	17.5
75B	73－78	12.5	85E	83－88	20
75C	73－78	15	85F	83－88	22.5

图 4-10 中的折线呈中间高、两头逐渐降低的态势。其中 75B 的人数最多，为 38 人，占总人数的 15%；其次是 70A 和 75C，分别占总人数的 8.7% 和 10.6%；而以 75B 号型为界，将图 4-10 整个

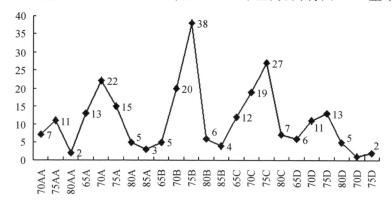

图 4-10 文胸号型分布图

分布图分成两半，发现前半部分小罩杯（即 70AA—70B 号型，胸围和胸下围差值较小）的文胸号型占总数的 40.6%，后半部分（即 80B—75E 号型，胸围和胸下围差值较大）的文胸号型占总数的 44.5%。说明该样本群体中多数人乳房比较丰满。这与本书所选

样本的地域(西北地区)有关,也与20多年来人体体型发生变化以及女性对乳房的保护意识提高有关。

4.4　乳房基本形态分类及文胸功能类型选择

　　由于文胸的特殊功能,女性乳房立体形态特征直接决定了不同功能的文胸类型的选择。本书根据影响乳房立体形态美的两个主要因素——乳间距的宽窄、胸点高的高低,将乳房基本形态分为内敛—偏高型、内敛—中间型、内敛—下垂型、外阔—偏高型、外阔—中间型、外阔—下垂型、中间—偏高型、中间—下垂型、标准型9种类型。每一个类型名称的前半部分描述乳间距的宽窄,后半部分描述胸高点的高低(非标准术语,属笔者自定义用语)。

4.4.1　分类方法

　　(1)令 K = 肩峰点至 BP 点垂线距/BP 点至前腰节点垂线距,则 K 值大小反映了乳头点在肩峰和腰线之间的相对位置,其值越大,表明乳房越下垂,反之则乳房越坚挺。

　　(2)令 P = 2 × 乳间距/(颈窝点至左乳点距 + 颈窝点至右乳点距),则 P 值大小反映了乳头的外阔程度,其值越大,表明乳房外阔程度越厉害,反之则乳房越归拢。

　　本书将 K、P 同时为 1 的乳房立体形态确定为标准型乳房,根据数理统计原理,将其偏差控制在 ±5% 。各类乳房分类条件如表4-3 所示。

表4-3　乳房分类条件

类别	内敛—偏高型	内敛—中间型	内敛—下垂型	外阔—偏高型	外阔—中间型
条件	P<0.95	P<0.95	P<0.95	P>1.05	P>1.05
	K<0.95	0.95≤K≤1.05	K>1.05	K<0.95	0.95≤K≤1.05

类别	外阔—下垂型	中间—偏高型	中间—下垂型	标准型	注:其中文胸型定义非标准术语,属笔者自定义用语
条件	P>1.05	0.95≤P≤1.05	0.95≤K≤1.05	0.95≤K≤1.05	
	K>1.05	K<0.95	K>1.05	0.95≤K≤1.05	

4.4.2　分类结果

按照表4-3的分类条件将254测量样本加以归类,得到图4-11的各类乳房频度分布图。从图中可以看出,本书的样本群体中标准型乳房的人数最多,有102人,占总体人数的40.2%,这主要原因是该群体年龄在18～25周岁,乳房发育成熟,而且其中大部分人没有生育史,乳房相对比较完美。其次是中间—下垂型和外阔—中间型的,分别为53人和36人,占总体人数的20.9%和14.2%;而乳点偏高型(包括中间—偏高型、内敛—偏高型、外阔—偏高型)的人数比较少,总共只有15人,占总体人数的5.9%。造成这部分人乳房有缺欠的主要原因有两个方面:一是她们本身的身体发育缺陷,二是发育时期或长期穿戴不合适的文胸。

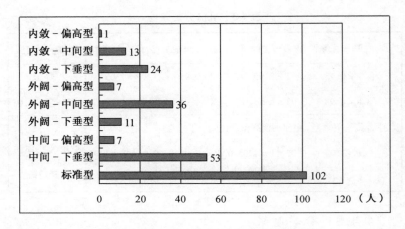

图4-11　各类乳房立体形态分布

4.4.3　各种乳房立体形态的文胸功能类型选择

文胸是塑型内衣之一,其基本功能是保护女性乳房,维持乳房理想的形态、位置和高度,防止乳房外阔、下垂,衬托女性优美的胸部曲线。而女性也总是希望通过合适文胸的穿着,使胸部达到标准的理想状态。

基于以上原因,本章将文胸按其功能分为普通型、调整型。其中调整型包括提胸型、侧收型和提胸—侧收型,其文胸主要是通过钢圈类型的选择、肩带倾斜角度的确定、在文胸罩杯的下部或侧下部增加衬垫等手段来实现矫正乳房下垂、提高胸点位或归拢乳房、减小乳间距。因此,不同的乳房立体形态在文胸功能类型上的选择是有所差异的,表4-4所示为不同立体形态乳房的文胸类型选择情况表。

表4-4　不同立体形态乳房的文胸类型选择

乳房类别	内敛—偏高型	内敛—中间型	内敛—下垂型	外阔—偏高型	外阔—中间型
人数	1	13	24	7	36
选择文胸类型	普通型	普通型	提胸型	侧收型	侧收型
乳房类别	外阔—下垂型	中间—偏高型	中间—下垂型	标准型	注：其中文胸类型定义非标准术语，属笔者自定义用语
人数	11	7	53	102	
选择文胸类型	提胸—侧收型	普通型	提胸型	普通型	

从表4-4可以统计出，该样本群体有123人只需要穿着普通型的文胸，占总体人数的48.4%，接近一半；有77人需要穿着提胸型的文胸，占总体人数的30%；需要穿侧收型和提胸—侧收型文胸的人数分别为43和11，各占总体人数的17%和4%。这些数据表明大部分的青年女性只需穿着普通型文胸就能满足要求；而在调整型文胸中，大部分的人需要通过文胸的提胸效果来提升胸点高，其次是通过侧收效果来减小乳间距，只有少数的人需要通过穿着同时具有提胸和侧收效果的文胸来修正和美化乳房。

4.5　优化样本的选择以及主观验证

4.5.1　优化样本的选择及文胸中间号型的确定

通过上述分析，并根据文胸的特殊功能性，本书将标准型乳房定为文胸结构设计的人体依据，作为后续下章节研究的样本。因为不管是哪种形态的乳房最终都想通过文胸的穿着来达到理想的审美效果。这些优化的样本类似于人台,它基于其所对应的某类群体的乳房细部特征尺寸,但又不是该类群体中所有样本的乳房细部特征尺寸的平均,而是对其进行了适当地美化。

按照表4-2的文胸号型分类标准,得出标准型乳房的文胸号型分布情况,如图4-12所示。图中的折线走势与图4-10基本相似,75B与75C号型的人数最多,分别为14人。结合内衣企业文胸中间号型的采用情况及本书总体测量样本的文胸号型分布特点(如图4-10所示),将75B文胸号型作为本书后续章节研究的中间号型。

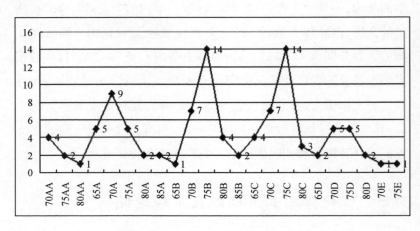

图4-12 标准型乳房文胸号型分布图

4.5.2 优化样本的主观评价

为了验证按上述标准所选样本的主观有效性,本书对文胸使用者进行了问卷调查。

（1）问卷调查对象。

问卷调查的对象有女大学生、文胸销售人员、公司职员、高校内衣研究者等。在本书问卷调查中，共发放问卷 64 份，现回收 50 份，有效问卷为 48 份，有效率为 75%。在调查的群体中，大部分被调查者对乳房的保护及乳房美比较重视。

（2）问卷调查方法。

问卷设计是从 102 个优化样本（本书中的标准型乳房）中随机抽取两个三维人体扫描仪扫描的云图样本，分别从乳房宽窄程度、乳头高度、乳房整体美、人体整体比例方面设计 4 个问题获取相关信息，问卷内容详见附表 4-1。

问卷通过电话询问、电子邮件发送和直接走访等方式来获取调查的信息。为了能够比较全面验证优化样本的主观有效性，本书分别向西安、广东、福建等地的文胸消费者进行问卷发放。

（3）问卷调查结果分析。

以下将每个问题通过问卷的结果进行分析和总结。

① 乳头宽窄程度。如图 4-13 所示，样本 1 和样本 2 在乳头宽窄程度的得分集中在 80～90 分，分别占 52% 和 42%；其次是 70～80 分，分别占 26% 和 28%。这说明绝大部分的被调查者认为所选样本的乳头宽窄程度合适、没有外阔。

② 乳头高度。如图 4-14 所示，样本 1 和样本 2 在乳头宽窄程度的得分集中在 80～90 分，分别占 54% 和 52%。这说明绝大部分被调查者比较认可所选样本的乳头点高度，认为乳房没有下垂。

③ 乳房整体美。从图 4-15 可以看出，大部分被调查者认为所

选样本的乳房整体比较优美,符合现代人的乳房审美标准。

④ 人体整体比例美。从图 4-16 中可以看出,56% 的被调查者认为样本 1 身材均匀、比例协调,而只有 10% 的人认为样本 2 身材均匀、比例协调;大部分被调查者认为样本 2 身材一般。

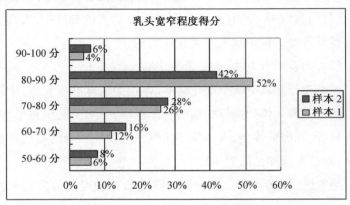

图 4-13   乳头宽窄程度得分图

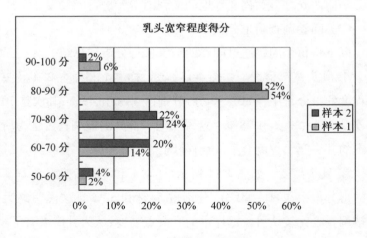

图 4-14   乳头高度得分图

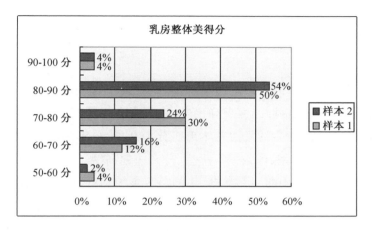

图 4-15　乳房整体美得分图

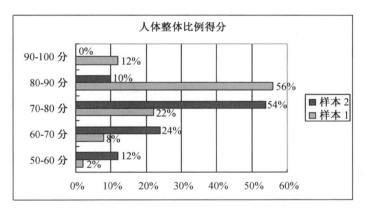

图 4-16　人体整体比例得分图

从以上问卷调查的分析结果可以得出两个结论:其一,本书优化样本符合现代人的乳房审美标准;其二,乳房的美或标准与否跟人体整体体型美没有必然的联系。因此,笔者认为本书所选的优化样本有效,可以作为后续乳房细部特征尺寸研究的样本。

4.6 本章小结

本章以三维人体测量为基础,从影响女性乳房立体形态美的主要因素——乳间距、胸点高出发,将 254 个年龄在 18 ~ 25 周岁的西北部女大学生的乳房基本形态分为 9 类,分别为内敛—偏高型、内敛—中间型、内敛—下垂型、外阔—偏高型、外阔—中间型、外阔—下垂型、中间—偏高型、中间—下垂型和标准型,并对其分布特点及文胸类型选择做出分析,得出西北地区青年女性乳房相对比较丰满,在文胸功能选择上以普通型为主的结论。最后将其中的 102 个标准型乳房样本作为后续文胸结构设计中主要细部尺寸确定的人体乳房细部特征尺寸依据,并通过问卷调查验证了标准型乳房符合现代人的审美标准。

女性乳房细部特征尺寸测量及数据分析

文胸结构设计是文胸设计生产中的核心技术。女性乳房细部特征尺寸是文胸结构设计中细部尺寸确定的依据,也是文胸工业化生产中号型规格制定的基础。文胸的结构设计可以通过二维的平面设计,也可以通过三维的立体裁剪。然而,目前国内不管是二维的平面设计还是三维的立体裁剪,内衣企业里面的文胸结构设计基本上都是依赖于文胸结构设计者(打版师傅)的经验知识。这一方面耗时比较多,另一方面可能导致在文胸的新产品设计开发中付出昂贵的代价。因此,必须根据文胸结构设计中细部尺寸确定的需要,进行乳房细部特征尺寸的数据采集及分析,从中寻找规律,并掌握其特征,为文胸结构设计提供基础依据。

5.1 数据采集

本章根据文胸结构设计的需要,参考内衣企业文胸制作的特定测量项目和《用于技术设计的人体测量基础变量》国家标准,在第 4 章确定优化样本的 10 个测量项目的基础上,采用相同的测量方法和设备,增加 28 个项目,其中 6 个是根据计算获得的,如表5-1、图 5-1 所示。

表 5-1 乳房细部特征尺寸测量项目

编号	测量项目	编号	测量项目	编号	测量项目
1	背宽 *	11	侧奶杯弧线长^	20	乳平距^
2	乳间曲线长^	12	侧奶杯直线长^	21	胸上围至 BP 点垂距^
3	乳平围^	13	侧奶杯垂线距^	22	胸差 $
4	乳横宽^	14	下奶杯弧线长^	23	前奶杯弧直线差 $
5	乳深^	15	下奶杯直线长^	24	侧奶杯弧直线差 $
6	肩斜角 *	16	下奶杯垂线距^	25	下奶杯弧直线差 $
7	小肩宽 *	17	乳房钢圈围^	26	乳间曲直线差 $
8	前奶杯弧线长^	18	胸上围^	27	胸身比 $
9	前奶杯直线长^	19	胸径宽^	28	胸径厚^
10	前奶杯垂线距^				

注:*为系统自动报告获得,^为通过对三维数字化人体交互式测量获得,$ 为通过计算获得。

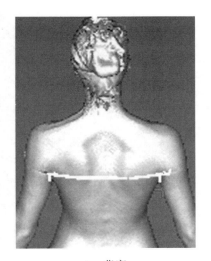

1 背宽

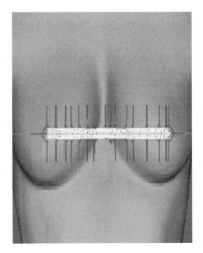

2 乳间曲线长

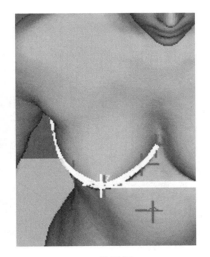

3 乳平围

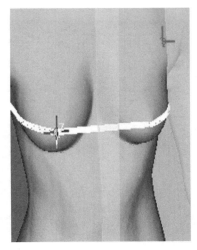

4 乳横宽

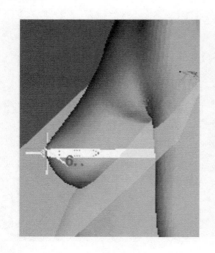

5 乳深

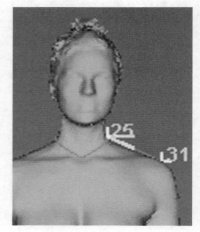

6 肩斜角

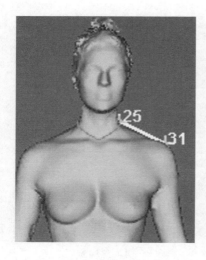

7 小肩宽

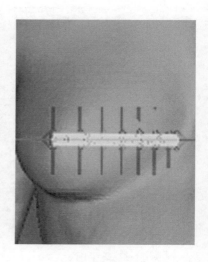

8 前奶杯弧线长

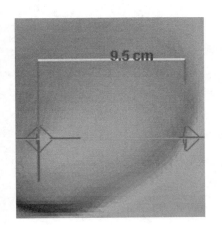

9 前奶杯直线长

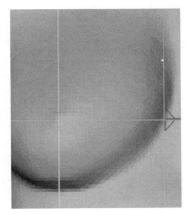

10 前奶杯垂线距

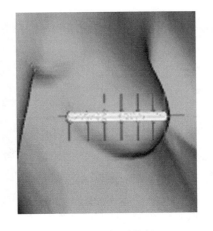

11 侧奶杯弧线长

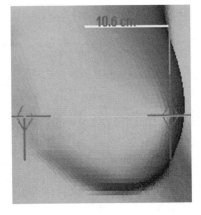

12 侧奶杯直线长

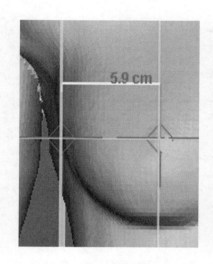

13　侧奶杯垂线距

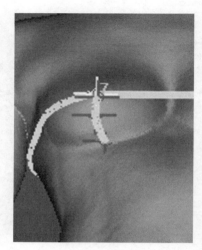

14　下奶杯弧线长

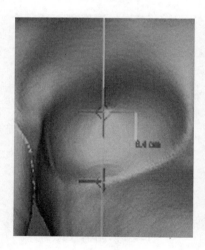

15　下奶杯直线长

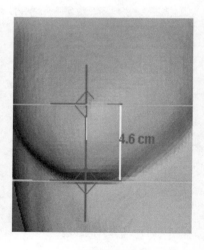

16　下奶杯垂线距

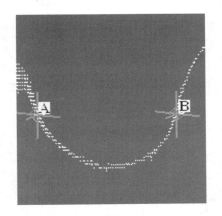

17 乳房钢圈围(弧 AB)

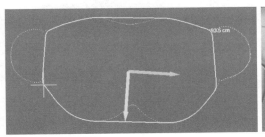
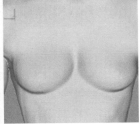

18 胸上围

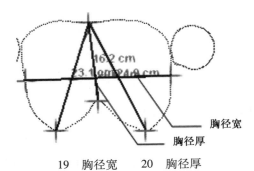

19 胸径宽　　　20 胸径厚

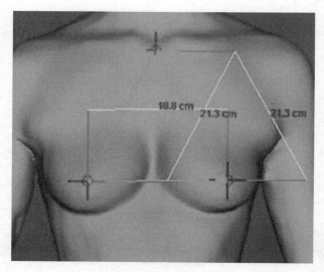

21　乳三角

图 5-1　三维数字化人体测量及交互式测量示意图

✳ 5.2　数据分析

5.2.1　测量数据预处理

准确、可靠的人体测量数据是进行人体数据分析的基础,也是文胸结构设计和制作的前提和依据。由于测量存在偶然误差和系统误差,因此在正式分析测量数据之前要进行初步的考核,确定数据的异常值和丢失值,并做相应的处理。同时,在对测量数据进行分析之前,要确认其分布情况是否符合分析方法的要求,以确保采用正确的分析方法。

一、奇异值的寻找与处理

本书应用 SPSS 统计软件对所有测量项目进行箱图分析（Explore）。箱图分析的图形可以直观地将奇异值、非常值、丢失的数据及数据本身的特点呈现出来。图 5-2 以乳深、乳间距、乳间曲线长、胸径宽、胸径厚为例，说明对奇异值的探索和处理方法。

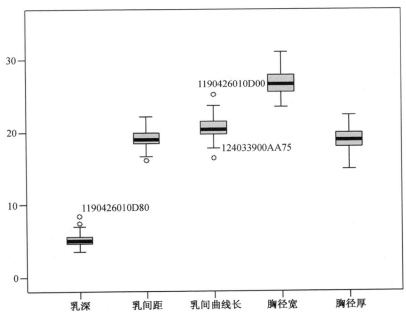

图 5-2　乳深、乳间距、乳间曲线长、胸径宽、胸径厚箱图

箱图中的矩形框是图的主体，上、中、下三条线分别表示测量值的第 75、50、25 百分位数。项目 50% 的观测值落在箱体区域中，两端线是测量值本体的极大值和极小值。奇异值用"o"表示，分大小两种。箱体上方的"o"标记点数值超过了第 75 百分位与第 25 百分位数值差的 1.5 倍,下方的"o"标记点数值小于第 75 百分位与第 25 百分位数值差的 1.5 倍,这两种情况的数值都算为奇异值,要根据实际情况对其做相应处理,或者剔除、用平均值取代,否则会影响样本整体的分析结果。

由于穿着不同文胸号型的人胸部立体形态、尺寸大小存在较大的差异,图中被视为奇异值的样本的乳房细部特征尺寸大小不能用所有人的平均值取代,而应该用同一号型文胸穿着者的乳房细部特征尺寸的平均值取代。因此,本书对乳房细部特征尺寸奇异值的处理原则是:用该样本所属文胸号型的其他所有样本对应细部特征尺寸的均值替代。例如图 5-2 中编号为 1190426010D80 样本的乳深值是奇异值,那么在对其奇异值处理时,就不能用所有样本的乳深平均值取代,而应该用除 1190426010D80 样本外的所有 D80 样本的乳深平均值取代,以此类推来处理其他奇异值。

二、测量数据的正态性检验

在数理统计中,很多分析方法均对数据的分布有一定的要求。例如很多分析方法要求样本来自正态分布总体。从试验或实际测量得来的数据是否符合正态分布的规律,决定了这些数据是否可以选用只对正态分布数据适用的分析方法。因此,根据本书分析的需要,首先用 Q-Q 概率图对测量数据的正态性进行检验。

Q-Q 概率图(Q-Q Probability Plot)是根据变量分布的分位数对所指定的理论分布分位数绘制的图形,是用来检验样本分布的。如果被检验的数据符合所指定的分布,代表样本数据的点簇

就在一条直线上。正态分布 Q - Q 概率图中的点由每一个观测量
(X 轴坐标值)与其正态分布的期望值(Y 轴坐标值)组成。这些
点落在直线上的越多,说明数据的分布就越接近正态分布。如果
被检验的变量值分布与正态分布基本相同,图中的散点就应该围绕
在一条斜线的周围;如果两种分布完全相同,图中的散点就应该与
斜线重合。图 5-3 是部分乳房细部特征尺寸的正态分布Q - Q概率
图。从图中可以看出,由各细部特征尺寸变量与其正态期望值形成
的点大都落在斜线上或斜线的周围,可以认为本书所研究的乳房细
部特征尺寸的分布服从正态分布,可以采用正太分布的分析方法。

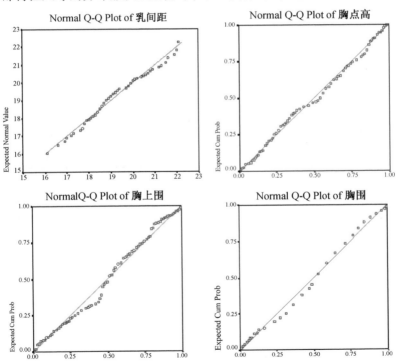

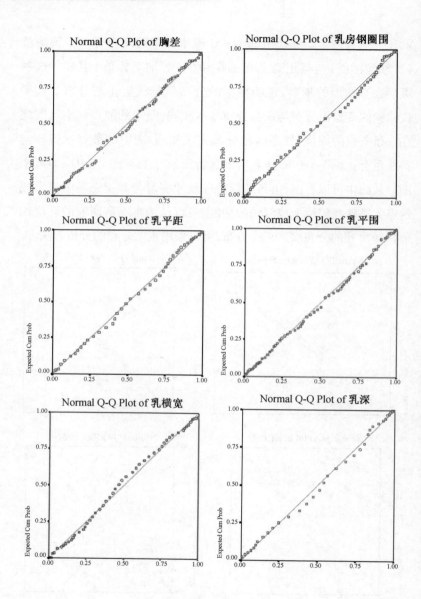

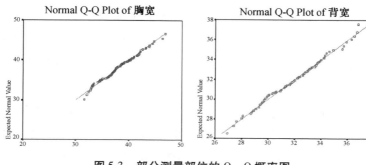

图 5-3　部分测量部位的 Q - Q 概率图

5.2.2　相关性分析

人体测量的原始数据经过预处理后,就可以进一步做相关的统计分析,研究各测量项目之间的内在联系和分布规律。

人体乳房各细部特征尺寸的变化不是孤立的,而是相互关联的。但是不同部位之间尺寸变化的相互关联程度并不是一样的,有些部位之间联系密切,而有些部位之间联系较差。如果知道哪些部位之间的尺寸变化联系比较密切,就可以根据某部位的尺寸大小推测另一部位的尺寸大小。在文胸生产过程中,为了节省时间、减少麻烦,乳房细部特征尺寸并不是通过逐一测量获得的,而是寻找一些具有代表性且容易获取的尺寸,即控制部位的尺寸,依据不同部位尺寸之间的相关性,然后利用经验计算公式推算出来的。因此对本书采集的乳房细部特征尺寸的相关性分析是非常有必要的。本书乳房细部特征尺寸之间的相关系数矩阵表见附表5-1,从表中可以看出:

（1）身高与胸点高的关系密切,相关系数达到0.91,而与其测量项目的相关系数都很小,说明乳房细部特征尺寸与人体身高没有太大的关系,这也与本书第 4 章中的标准型乳房的主观有效性评价结果相吻合,即乳房的美或标准与否跟人体整体体型美没有必然的联系;

(2)胸围与胸上围、胸下围、乳平距、乳平围、乳横宽、乳深、乳间距、乳间曲线长、胸径宽、胸径厚等尺寸相关性较大,相关系数都在 0.6 以上,而与前奶杯弧线长、侧奶杯弧线长、下奶杯弧线长等部位尺寸的相关性相对比较弱,相关系数都在 0.6 以下;

(3)胸下围除了与胸围、胸上围、背宽、胸径宽、胸径厚、胸身比有较大的相关性外,跟其他乳房细部特征尺寸基本没有什么关系;

(4)胸差(胸围 – 胸下围)与前奶杯弧线长、侧奶杯弧线长、下奶杯弧线长、乳平围、乳横宽、乳深、乳间距、乳间曲线长相关性较大,相关系数都在 0.6 以上;

(5)乳间距(两乳头之间的直线距离)与前奶杯弧线长、侧奶杯弧线长、下奶杯弧线长、乳平围、乳横宽、乳深、乳间距、乳间曲线长也都有较大的相关性。

通过对以上乳房细部特征尺寸之间的相关性分析可以得出如下结论:国标里面对文胸的描述以胸围、胸下围及胸差为依据,能够从大体上掌握乳房的基本形态特征,但无法体现出胸围、胸下围及胸差与其他细部特征尺寸之间的量化关系,造成了目前内衣企业在文胸结构设计时对一些主要细部尺寸的确定只能凭制版师的经验。

5.2.3 主成分分析

在科学研究中往往需要对反映事物的多个变量进行大量的观测，收集大量数据以便进行分析、寻找规律。多变量大样本为科学研究提供丰富的信息，但也在一定程度上增加了数据采集的工作量，更重要的是在大多数情况下，许多变量之间可能存在相关性而增加了问题分析的复杂性。如果分别分析每个指标，分析可能是孤立的，而不是综合的；但如果盲目地减少指标会损失很多信息，容易产生错误的结论。因此需要找到一个合理的方法，在减少分析指标的同时，尽量减少原指标所包含信息的损失，对所收集的资料作全面的分析。从前面的相关性分析可以看出，乳房细部特征尺寸各变量之间存在一定的相关性，因此有可能用较少的综合指标分类综合存在于各变量中的各类信息，利用主成分分析方法达到降维的目的。

一、主成分分析的概念

某项观测中有 m 个变量，这 m 个变量组成 m 维空间。主成分分析就是在这 m 维空间中找到 m 个坐标轴，使新变量为原始变量的线性组合。新变量与原始变量的线性关系表示：

$$\begin{cases} P_1 = l_{11}x_1 + l_{12}x_2 + l_{13}x_3 + \cdots + l_{1m}x_m \\ P_2 = l_{21}x_1 + l_{22}x_2 + l_{23}x_3 + \cdots + l_{2m}x_m \\ P_3 = l_{31}x_1 + l_{32}x_2 + l_{33}x_3 + \cdots + l_{3m}x_m \\ \cdots\cdots\cdots\cdots\cdots\cdots\cdots\cdots\cdots\cdots\cdots\cdots \\ P_m = l_{m1}x_1 + l_{m2}x_2 + l_{m3}x_3 + \cdots + l_{mm}x_m \end{cases}$$

从这 m 个变量中可以找到 l 个新变量$(l < m)$解释原始数据大部分方差所包含的信息。l 个变量所包含的信息是原始数据所包含信息的绝大部分,其余 $m - l$ 个变量对方差影响很小,称这 l 个新变量为原始变量的主成分。每个新变量均为原始变量的线性组合。

二、测量数据的主成分分析

为了找到反映青年女性乳房细部特征尺寸的本质因素,应用因子分析方法来简化分析过程,对原始测量项目进行分门别类的综合评价。

表 5-2 为各成分的公因子方差表。表中"Component"为各主成分的序号。"Initial Eigenvalues"为相关矩阵的特征值,用来确定哪些因子应保留,共有三项:"Total"为各成分的特征值,"% of Variance"为各成分解释的方差占总方差的百分比,"Cumulative %"为自上而下各因子方差占总方差百分比的累积百分比。"Extraction Sums of Squared Loadings"为因子提取结果,是未经旋转的因子载荷的平方和。"Rotation Sums of Squared Loadings"是经过正交旋转后,各主成分的特征值、方差及其累积贡献率。经旋转后,第一主成分的贡献率降低,其他主成分的贡献率增加。

根据表 5-2 中的输出结果可以认为本书对因子提取的结果是比较理想的。各成分的特征值分布比较理想,项目 1-8 的特征值都大于 1;各成分解释的方差占总方差的百分比比较高,为 82.052%。说明前 8 个因子已经对大多数数据给出了充分的概括,达到了主成分分析降维、简化的目的。因此,提取项目因子特

表 5-2 总方差分析表
Total Variance Explained

Component	Initial Eigenvalues			Extraction Sums of Squared Loadings			Rotation Sums of Squared Loadings		
	Total	% of Variance	Cumulative %	Total	% of Variance	Cumulative %	Total	% of Variance	Cumulative %
1	13.884	40.834	40.834	13.884	40.834	40.834	10.007	29.433	29.433
2	4.369	12.851	53.685	4.369	12.851	53.685	6.410	18.852	48.285
3	2.542	7.476	61.161	2.542	7.476	61.161	2.593	7.626	55.911
4	1.809	5.322	66.482	1.809	5.322	66.482	2.488	7.317	63.228
5	1.516	4.458	70.940	1.516	4.458	70.940	2.042	6.006	69.234
6	1.436	4.223	75.163	1.436	4.223	75.163	1.495	4.397	73.630
7	1.240	3.648	78.810	1.240	3.648	78.810	1.464	4.305	77.936
8	1.102	3.242	82.052	1.102	3.242	82.052	1.400	4.117	82.052
9	.989	2.910	84.962						
10	.773	2.272	87.234						
11	.673	1.980	89.214						
12	.554	1.629	90.843						

续表

Component	Initial Eigenvalues			Extraction Sums of Squared Loadings			Rotation Sums of Squared Loadings		
	Total	% of Variance	Cumulative %	Total	% of Variance	Cumula-tive %	Total	% of Variance	Cumulative %
13	.510	1.501	92.343						
14	.491	1.444	93.788						
15	.366	1.076	94.864						
16	.323	.950	95.814						
17	.254	.747	86.561						
18	.210	.617	97.178						
19	.188	.552	97.730						
20	.165	.486	98.216						
21	.149	.439	98.655						
22	.111	.327	98.982						
23	.104	.306	99.287						
24	3.887E-02	.261	99.549						

续表

Component	Initial Eigenvalues			Extraction Sums of Squared Loadings			Rotation Sums of Squared Loadings				
	Total	% of Variance	Cumulative %	Total	% of Variance	Cumula-tive %	Total	% of Variance	Cumulative %		
25	5.562E-02	.164	99.712								
26	3.859E-02	.113	99.826								
27	3.038E-02	8.936E-02	99.915								
28	2.609E-02	7.673E-02	99.992								
29	1.833E-03	5.390E-03	99.997								
30	9.686E-04	2.849E-03	100.000								
31	4.754E-16	1.398E-15	100.000								
32	2.318E-16	6.817E-16	100.000								
33	-5.18E-17	-1.524E-16	100.000								
34	-2.69E-16	-7.920E-16	100.000								

Extraction Method: Principal Component Analysis.

征值大于 1 的前 8 个成分作为主成分。即用这 8 个因子代替 34 个原始测量项目,可以概括原始项目所包含的信息。

由表 5-3 旋转前的因子提取结果看出,每个因子中各原始项目的系数没有很明显的差别,要想对 8 个因子命名是比较困难的。因此为了对因子进行命名,可以进行旋转,使其系数朝 0 和 1 两极分化,使得公因子的解释和命名更加容易。本研究采用最大正交旋转法,即方差最大旋转法进行变换。

表 5-4 给出了旋转后的因子负荷矩阵,按系数由大到小的顺序排列。旋转经过 9 次迭代收敛后,因子负荷系数已明显向两极分化,可以根据服装专业知识对各主成分进行命名。

第一主成分:乳房细部特征因子。

第一主成分中与描述乳房细部形态特征的胸差、前奶杯弧线长、前奶杯直线距、前奶杯垂线距、侧奶杯弧线长、侧奶杯直线距、下奶杯直线距、下奶杯弧线长、乳平距、乳平围、乳横宽、乳深、乳间距、乳间曲线长、乳间曲直线差等变量有绝对值较大的负荷系数,称为乳房细部特征因子。这些部位尺寸是文胸罩杯结构设计中主要细部尺寸确定的重要人体尺寸依据,与文胸号型中的"型"相对应。

第二主成分:胸部围度因子。

第二主成分中有 7 个描述胸部围度特征的测量项目——胸上围、胸围、胸下围、胸宽、胸径宽、胸径厚、胸身比,它们有绝对值较大的负荷系数。这些尺寸描述了人体的宽、厚等胖瘦程度,与文胸号型中的"号"相对应,也是文胸结构设计中下脚围尺寸确定的主要依据。

表5-3 未经旋转的因子提取结果
Component Matrix[a]

	Component							
	1	2	3	4	5	6	7	8
身高	.219	.156.	.928	7.773E-02	1.963E-02	-2.88E-02	3.080E-02	5.390E-02
胸点高	.111	.214	.894	-3.39E-02	-5.28E-02	-.183	5.395E-02	3.151E-02
胸上围	.732	.624	-4.84E-03	-8.51E-02	-6.64E-02	-2.81E-02	5.826E-02	2.246E-02
胸围	.821	.498	-5.26E-02	-.155	-7.75E-02	4.430E-02	7.045E-02	-2.71E-02
胸下围	.494	.802	-9.50E-02	-.152	5.036E-02	-2.44E-02	-5.69E-02	-4.31E-02
胸差	.742	-.327	5.430E-02	-3.82E-02	-.220	.151	.205	1.013E-02
胸宽	.408	.311	.134	-.473	-.138	-3.92E-02	-.299	.129
背宽	.404	.432	-1.92E-02	.320	7.138E-02	-.318	.410	-946E-02
小肩宽	.403	.244	6.811E-02	.193	-3.89E-02	.122	.404	.548
肩斜角	5.930E-02	-9.79E-02	5.745E-02	.167	-.185	.762	8.998E-02	.378
胸上围至BP点垂直距离	.149	-.134	7.159E-02	.527	.365	.174	.236	-.482
前奶杯弧线长	.794	-.390	2.009E-02	-.210	9.352E-02	-.193	.152	3.587E-03

	Component							
	1	2	3	4	5	6	7	8
前奶杯直线距	.828	-.331	6.393E-02	-.129	1.493E-02	-.166	.160	-5.29E-02
前奶杯垂线距	.721	-.362	.136	-.220	2.114E-02	-.148	8.426E-02	-.116
前奶杯直线差	-3.52E-02	-.325	-.194	-.392	.367	-.147	-1.21E-02	.254
侧奶杯弧线长	.819	-1.69E-02	-.200	.216	.244	9.918E-02	-.207	6.953E-02
侧奶杯直线距	.833	5.408E-02	-.183	.195	.131	.108	-.202	2.377E-02
侧奶杯垂线距	.225	.495	-.234	.524	-7.15E-02	-.277	6.456E-02	.134
侧奶弧直线差	.149	-.365	-.141	.164	.640	-1.91E-02	-8.36E-02	.251
下奶杯直线距	.836	-.387	.135	.107	-2.86E-02	2.372E-02	5.066E-02	4.257E-02
下奶杯弧线长	.813	-.417	7.563E-02	.177	-.197	2.683E-02	-1.28E-02	-1.54E-02
下奶杯垂线距	.607	-.239	.194	.265	-.112	-.102	-.380	.190
下奶弧直线差	.172	-.234	-.180	.297	-.642	1.909E-02	-.223	-.205
乳房钢圈围	.709	-.159	.180	.192	3.520E-02	-.247	-.349	.115
乳平距	.870	6.743E-02	-8.40E-02	.140	.118	-2.00E-02	-.225	6.373E-02

续表

	Component							
	1	2	3	4	5	6	7	8
乳平围	.884	−.210	−1.19E-02	2.420E-03	−5.35E-02	5.376E-02	−.110	−.134
乳横宽	.853	−7.80E-02	−4.88E-02	2.251E-02	−2.358E-03	−.163	−6.36E-02	−3.47E-02
乳深	.877	−.294	−8.66E-02	−5.09E-02	−1.86E-02	7.769E-02	.137	−3.39E-02
乳间距	.788	2.276E-02	.208	−.218	.173	.358	5.242E-02	−.194
乳间曲线长	.858	−.175	3.021E-02	−.251	2.427E-02	.196	.160	−.110
乳间曲直线差	.360	−.443	−.349	−.129	−.292	−.277	.257	.140
胸径宽	.706	.575	−.392E-02	4.516E-02	−1.07E-02	−.123	7.868E-02	9.825E-02
胸径厚	.557	.576	4.397E-02	−8.43E-02	.139	.261	−.200	−.165
胸身比	.662	.408	−.559	−.178	−7.27E-02	6.864E-02	5.062E-02	−5.25E-02

Extraction Method: Principal Component Analysis.
a. 8 components extracted.

表5-4 旋转后的因子提取结果
Rotated Component Matrix[a]

	Component							
	1	2	3	4	5	6	7	8
身高	.121	8.751E-02	.950	9.358E-02	3.346E-02	-1.96E-02	5.831E-02	8.295E-02
胸点高	4.562E-02	7.164E-02	.936	-1.43E-02	6.283E-02	-4.62E-02	-7.09E-02	-6.74E-02
胸上围	.289	.849	.132	5.891E-02	.322	-7.63E-02	-8.82E-02	1.635E-02
胸围	.438	.838	5.948E-02	3.192E-02	.225	-7.71E-02	-7.27E-02	4.640E-02
胸下围	-1.86E-02	.927	5.677E-02	.226	-1.05E-02	-7.49E-02	-8.64E-02	
胸差	.827	.108	2.091E-02	3.520E-02	4.553E-02	-.135	-2.80E-04	.241
胸宽	.176	.546	.191	9.937E-02	-.180	-1.42E-04	-.468	-5.74E-02
背宽	.160	.365	.118	-5.88E-02	.679	-3.59E-02	.254	-.179
小肩宽	.211	.226	.151	1.020E-02	.577	.147	-.109	.509
肩斜角	3.836E-02	-3.14E-02	-1.79E-02	2.769E-02	-9.31E-02	-9.11E-02	3.123E-02	.888
胸上围至BP点垂距离	.157	-5.89E-02	3.464E-02	8.329E-02	-1.04E-02	.858	-1.19E-02	
前奶杯弧线长	.902	.107	1.591E-02	9.686E-02	5.160E-02	.203	-5.54E-02	-.120

续表

	Component							
	1	2	3	4	5	6	7	8
前奶杯直线距	.900	.149	6.435E-02	.104	8.823E-02	-3.66E-03	-9.84E-02	
前奶杯垂线距	.835	.107	.118	7.158E-02	-6.45E-02	7.933E-02	-2.38E-02	-.147
前奶弧直线差	.142	-.172	-.215	-1.97E-02	-.157	.572	-.241	-.114
侧奶杯弧线长	.527	.437	-.177	.540	.111	.135	.197	.118
侧奶杯直线距	.522	.498	-.152	.493	.114	1.974E-02	.162	.115
侧奶杯垂线距	-.147	.307	-.101	.273	.698	-.173	8.873E-02	-.567E-02
侧奶弧直线差	.169	-.188	-.173	.386	1.359E-02	.621	.227	4.806E-02
下奶杯直线距	.860	7.753E-02	.105	.307	7.552E-02	-1.16E-02	8.857E-02	.139
下奶杯弧线长	.850	3.261E-02	3.318E-02	.345	6.512E-02	-.202	7.026E-02	.132
下奶杯垂线距	.478	3.374E-02	.177	.666	4.738E-02	-.131	-8.63E-02	6.543E-02
下奶弧直线差	.229	-.145	-.236	.236	-1.57E-02	-.722	-.415E-02	2.016E-02
乳房钢圈围	.536	.160	.195	.646	9.664E-02	-8.14E-03	-5.13E-02	-.116
乳平距	.557	.501	-3.84E-02	.518	.142	4.218E-02	6.491E-02	2.782E-02

续表

	Component							
	1	2	3	4	5	6	7	8
乳平面	.794	.329	-2.62E-02	.314	-5.03E-02	-.109	8.700E-02	1.852E-02
乳横宽	.707	.358	-1.28E-02	.325	.154	-2.03E-02	1.758E-03	-.108
乳深	.884	.244	-.100	.139	5.659E-02	1.765E-02	7.293E-02	.115
乳间距	.647	.552	.199	1.428E-02	-.227	9.871E-02	.222	.190
乳间曲线长	.846	.393	1.816E-02	-2.07E-02	-9.85E-02	6.334E-02	6.537E-02	.136
乳间曲直线差	.614	-.219	-.359	-7.57E-02	.234	-5.51E-02	-.299	-7.42E-02
胸径宽	.270	.745	.105	.144	.449	-2.19E-02	-5.88E-02	-4.68E-03
胸径厚	9.524E-02	.853	.119	.151	-7.36E-02	-2.80E-02	.145	7.265E-02
胸身比	.337	.764	-.461	-1.64E-02	.204	-5.74E-02	-8.83E-02	8.681E-03

Extraction Method: Principal Component Analysis.

Rotation Method: Varimax with Kaiser Normalization.

a. Rotation converged in 9 iterations.

第三主成分:高度因子。

第三主成分中有2个描述人体高度的项目——身高、胸点高,它们有绝对值较大的负荷系数,描述了人体的高矮程度及乳点的位置,与文胸结构设计没有直接的联系,对人体乳房的比例美有影响,将其命名为高度因子。

第四主成分:下奶杯立体形态因子。

第四主成分中有2个描述乳房下半部的高度和根部弧线长度的项目——下奶杯垂线距、乳房钢圈围,它们有绝对值较大的负荷系数。这两个尺寸是文胸结构设计中确定文胸罩杯省量、钢圈形态和数值的重要参数,因此将其命名为下奶杯立体形态因子。

第五主成分:宽度因子。

第五主成分中有3个描述宽度的项目——小肩宽、背宽、侧奶杯垂线距,它们有绝对值较大的负荷系数,将其命名为宽度因子。这三个测量项目对文胸结构设计中肩带位置的确定起很大的作用。

第六主成分:乳房丰满程度因子。

第六主成分中的3个测量项目——前奶杯弧直线差、侧奶杯弧直线差、下奶弧杯弧直线差,描述的是乳房相应部位的弧线长与其直线长之差,反映乳房的脂肪含量大小,体现乳房的丰满程度,因此将其命名为乳房丰满程度因子。这些数据对文胸罩杯边缘弧线弧度的确定起很大的作用。

第七主成分:乳房相对位置因子。

第七主成分中的"胸上围至BP点垂线距离"测量项目有绝对值较大的负荷系数,反映乳房与腋窝点的相对位置大小,因此将其命名为乳房相对位置因子。

第八主成分:肩部斜度因子。

第八主成分中的肩斜角测量项目有绝对值较大的负荷系数,反映肩部的倾斜程度,对文胸结构设计中肩带位置、类型的确定有很大的帮助,因此将其命名为肩部斜度因子。

从表 5-2 还可以看出,第一主成分累积贡献率最高,达40.834%,而第二主成分的贡献率为12.851%,其他成分贡献率依次减小。表明影响女性胸部特征的主要因素是乳房细部特征因子和胸部围度因子,对应于文胸号型中的"型"和"号"。

5.3 本章小结

(1)本章根据文胸结构设计中主要细部尺寸确定的需要,利用三维人体扫描仪及交互式测量软件采集了 102 个标准型乳房样本的 34 个描述乳房细部特征的部位尺寸。

(2)通过测量项目之间的相关性分析发现:第一,身高、胸点高与乳房细部特征尺寸之间没有太大联系,可以忽略不计;第二,胸围和胸差与表示文胸"型"相关的乳房细部尺寸的相关性比较大,而胸下围则与表示文胸"号"相关的乳房细部尺寸相关性比较大,与国标中文胸号型的确定原则相吻合。说明,国标里面用胸下围和胸差表示文胸的"号"和"型",能够简单地描述乳房立体形态的特征,但它们与其他乳房细部特征尺寸之间的关系,需要进一步细化研究。

(3)将描述乳房细部特征的 34 个测量项目进行主成分分析,

得出 8 个主成分因子——乳房细部特征因子、胸部围度因子、高度因子、下奶杯立体形态因子、宽度因子、乳房丰满程度因子、乳房相对位置因子、肩部斜度因子,并阐述了每个因子与文胸结构设计中细部尺寸确定的关系。这些因子对文胸的结构设计具有重要的参考价值。

文胸基础结构设计

✳ 6.1 乳房形态与文胸设计

6.1.1 乳房侧面形态

人体乳房是立体的,从侧面看可分为:扁平型、普通型、半球型、圆锥型、下垂型。由于本章的样本是通过第 5 章筛选出来的标准型乳房,因此其侧面形态只剩下如图 6-1 所示的 4 种。

图 6-1 将乳房上下缘点当作在同一个平面上,其中 C 为乳房上缘点,D 为乳房下缘点,B 为乳头点,A 为从 B 点向 CD 作垂直线的交点,AB 代表乳房厚度即乳深,CD 代表乳房上下缘的距离,AC 与 AD 的大小关系代表乳房的下垂程度关系,AC 与 AD 的比值越大,说明乳房的下垂趋势越明显。

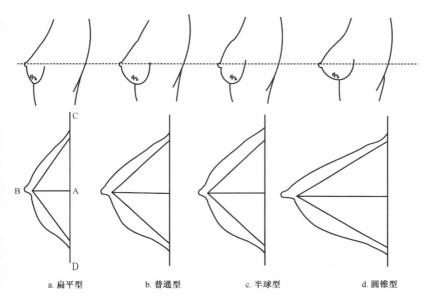

　　a. 扁平型　　　　b. 普通型　　　　c. 半球型　　　　d. 圆锥型

图 6-1　标准型的乳房侧面形态

（1）扁平型：乳房隆起不高，底盘相对较大，∠CBD 为钝角。此类乳房由于乳深小，一般不容易下垂，但是乳间距和底盘都比较大，需要通过文胸的归拢功能来美化乳房。

（2）普通型：乳房隆起适中，底部宽度从胸内缘到前腋窝整体圆满挺拔，介于扁平型与半球型之间，因此∠CBD 介于直角与钝角之间。

（3）半球型：乳房隆起较大，且饱满，如同半个苹果形，∠CBD 为直角。

（4）圆锥型：乳房隆起很高，底盘相对较小，乳房向前突起且稍有垂感，底部较窄且凸起量相对较大，∠CBD 为锐角。此类乳房由于乳深大，极易下垂，在文胸穿着的过程中也容易压杯，所以一般要求穿着杯深较大的薄定型罩杯文胸，可以较好地预防压杯和下垂。

本书利用主观观测和数值计算（$\angle CBD$ 的角度值大小）相结合的方法进行分析，优化后的 102 个标准型乳房样本的侧面形态分布如图 6-2 所示。

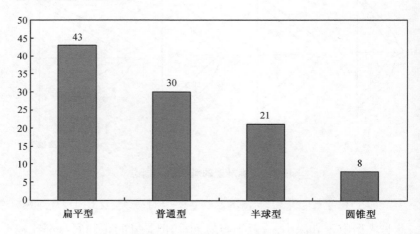

图 6-2　标准型乳房样本侧面形态分布图

从 6-2 图中可以看出扁平型乳房的人数最多，共 43 人，占标准型乳房样本总数的 42.2%；其次是普通型和半球型，分别为 30 人和 21 人，占标准型乳房样本总数的 29.4% 和 20.6%；而圆锥型乳房的人数最少，只有 8 个人，占标准型乳房样本总数的 7.8%。这在一定程度上说明了我国西北地区青年女性的乳房侧面形态以扁平型和普通型为主。

6.1.2　文胸设计原则

如图 6-1 所示的乳房在重力作用下,自然状态及立体形态会有所变化。扁平型乳房因 AB 值较小,几乎没有下垂的可能,则 AC 等于 AD;普通型乳房和半球型乳房的 B 点已略有降低,则 AC 略大于 AD;圆锥型乳房的重心外移,且重力增加,B 点更为下移,AC 大于 AD。了解了乳房的形态特征后,就可以通过文胸罩杯的设计来更好地保护和美化乳房。

(1)扁平型乳房由于其 AB 值过小,可设计带衬垫罩杯的文胸(比如侧垫或下垫式的文胸罩杯),穿着时将乳房向前中心归拢或向上提拉,从而使乳房提高隆起,加大 AB 值,使乳房丰满圆润,杯型可选用 1/2 或 3/4 罩杯。1/2 罩杯的文胸能使乳房看起来比较丰满、性感,适合胸小的扁平型乳房;3/4 罩杯的文胸能够斜向上牵制胸部,尤其是有钢圈的文胸,因为钢圈有较强的塑型性,能使女性扁平型的乳房归拢集中,呈现丰满、立体的胸部。

(2)普通型乳房的 B 点只是稍略偏低,因此穿戴一般的文胸罩杯均能到达修正、维持的作用。

(3)半球型乳房的 B 点也只是稍略偏低,但其底盘面积较大。因此可设计 3/4 罩杯、带钢圈或全罩杯、三片式裁剪的文胸。这类文胸罩杯底面积比较大,可以将整个乳房全部包裹起来。

(4)圆锥型乳房的 AB 值较大,在重力作用下,乳房下垂的可能性较大,应该设计底面积小、乳深大、伸缩性好的带钢圈定型文胸,也可以选用罩杯下部带衬垫的文胸,使乳房更加丰满。

从上述乳房侧面形态与文胸结构设计之间的关系可以看出,

3/4罩杯、带钢圈的文胸对我国青年女性来说,适用范围最广。内衣企业在文胸设计和生产时,可以有针对性地进行文胸罩杯设计,并制订相应的生产方案。

6.2 文胸结构设计

　　服装基础结构设计是服装产业化批量生产的有效手段。以标准中间人体体型尺寸设计的基本版型是服装款式变化的基础,所以基础版型的设计对服装结构设计至关重要。文胸结构设计过程中,为了达到其穿着合体性、舒适性及美化性,要考虑很多方面的因素。常用的文胸结构设计方法有两种,即三维立体裁剪法和二维平面绘制法,前者一般采用胚布,根据文胸的款式特点直接在内衣专用的人台上通过收省、分割、折叠等手段将文胸的裁片绘制出来,再从人台上取下裁片,在平台上利用内衣专业工具将其结构线修正,有时候还必须结合文胸面料的弹性特点进行缩或放,这种方法直观、准确,但是效率低;后者是以人体数据的精确测量为基础,直接绘制出文胸的裁片形状,这种设计方式操作起来更加简洁、高效,但要求结构设计师必须清楚地了解女性乳房细部尺寸与文胸结构设计中各部位之间的关系。

　　然而笔者通过对大量相关资料的查询研究发现,国内外对文胸版型的研究比较少,而且多采用二维平面裁剪法,大致经历三个阶段:第一阶段是在女性紧身上衣原型的基础上开发文胸的基础版型;第二阶段是根据经验公式直接绘制文胸的基本版型;第三阶段是在文胸基本版型基础上根据不同款式的变化进行相应的结构设计、修改。

6.2.1 文胸基础版型开发

文胸的原型是由女性紧身上装原型演变而来的,但是国内外研究文胸结构设计的资料相对比较少。追溯到 1968 年,关于文胸结构设计的资料都非常少,而且大部分资料中显示的文胸基础结构设计没有说明各部位数值大小的确定方法及原理,都被当作私家"秘诀"。

一、国外文胸基础版型研究

(一) Melliar 的文胸原型

1968 年,英国的 Melliar M. 最先利用紧身上衣原型(胸围 34 英寸,86 厘米)介绍一种文胸结构设计的方法,如图 6-3 所示。首先,在图 6-3(a)紧身上衣原型的基础上进行内衣原型结构设计,具体做法为:首先将前片和后片侧缝处缩小 0.5 英寸,后中心缩小 1 英寸,肩省大(肩线中点处)扩大到原来的 2 倍,然后在内衣原型的基础上进行不同类型的文胸基本版型设计。

该方法只是简单、大概地描述文胸结构设计中关键点与内衣原型之间的位置关系,如图 6-3(b)所示。从内衣原型前颈窝点向下 7 英寸,确定文胸罩杯前中心上缘点 A;从袖窿深点 E 向下 2 英寸,确定文胸罩杯侧缝上缘点 D;从腰围线分别向上 4 英寸,确定文胸罩杯的前中心下缘点 F 和侧缝下缘点 G;从肩线处新肩省两端点分别向下 6 英寸,确定罩杯上缘点 B、C 点。同时为了达到进一步集中乳房的目的,Melliar 建议,加大肩省,侧缝处再缩小 0.5

英寸;新的胸点定于肩省的省尖下 1 英寸;腰省省尖上移至胸点,大小增加到 1.5 英寸;胸点分别向侧缝线和前中心线做省,省大各为 2 英寸。

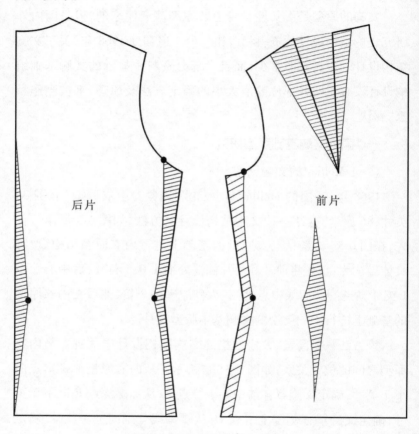

（a）Melliar 的紧身上衣原型

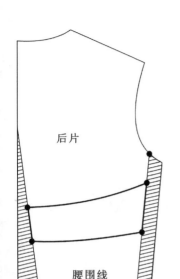
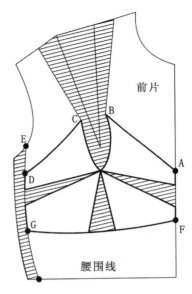

（b）Melliar 的上衣原型与文胸基础版型

图 6-3　Melliar 的文胸版型开发

（二）Bray 的文胸原型

1986 年，Bray N. 在她第二次出版的《服装结构设计》中，增加了内衣结构设计内容，包括文胸。同时，她开发了女性衬裙（内衣）原型（胸围 88～92 厘米），并将其第一次应用到无袖合体服装中。其方法是：在衬裙原型的基础上，侧缝处减小 1 厘米，胸点下降 4 厘米，肩缝中点处的省道大小增加到原来的 1.5 倍。而文胸原型则是在无袖合体服装的基础上通过前、后中心收省的方式实现，如图 6-4（a）所示。同时为了达到归拢的文胸穿着效果，Bray 的文胸原型增加了一个新侧缝 S，新侧缝到胸点 X 的距离与胸点 X 到前中心 F 的距离相等，如图 6-4（b）所示。

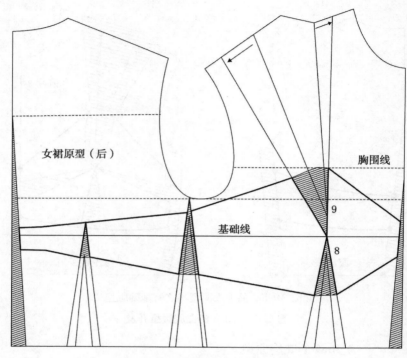

女裙原型（后）

胸围线

基础线

9

8

（a）Bray 的上衣原型和文胸基础版型

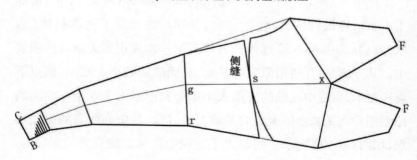

侧缝

s

x

g

r

C

B

F

F

（b）Bray 的文胸基础版型完成图

图6-4　Bray 的文胸版型开发

（三）Campbell 的文胸原型

与前人的研究方法不同，Campbell 在上衣原型（胸围 88 厘米）的基础上，前、后衣片侧缝处各减小 2 厘米，所有省道的大小扩大到原来的 2 倍，肩省的大小在肩缝中点处左右平分，如图 6-5（a）。确定文胸前中、后中、罩杯侧缝、罩杯上缘和下缘位置，结合文胸罩杯部位尺寸的大小确定文胸基础版型的外轮廓线，如图 6-5（b）所示。

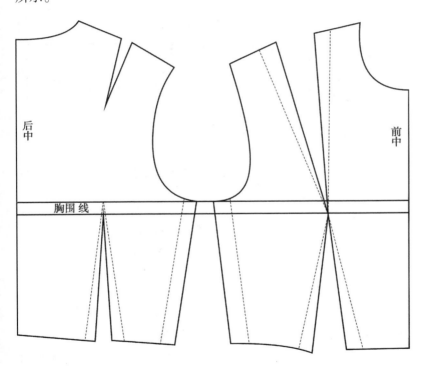

（a）Campbell 的上衣原型

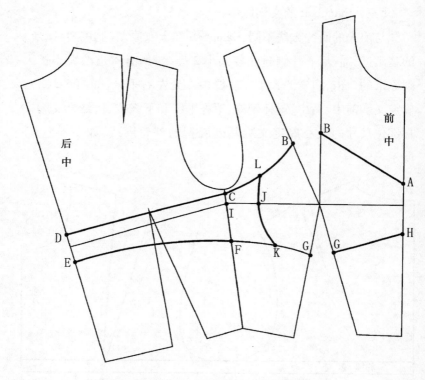

（b）Campbell 的上衣原型与文胸基础版型

图 6-5　Campbell 的文胸版型开发

（四）Armstrong 的文胸基础版型

美国的 Armstrong 采用独特的方式进行文胸基础版型开发——以"等高线指导"为基础进行文胸版型绘制，如图 6-6（a）所示。Armstrong 采用 36 英寸（91 厘米）胸围、只有腰省（腰省和腋下省合二为一）的上衣基本原型上，以胸点为圆心、3 英寸长为半径画圆。为了提高文胸罩杯的合体性，她在原有省道基础上，增加

7/8 英寸的上罩杯省 AB,3/8 英寸的腰省 EF 和 CD,3/4 英寸前胸省 HG,侧缝松量减少 1/2 英寸,袖窿深降低 1 英寸。为了与前片相吻合,保证前、后片侧缝处角度和长度的准确对位,后片侧缝处

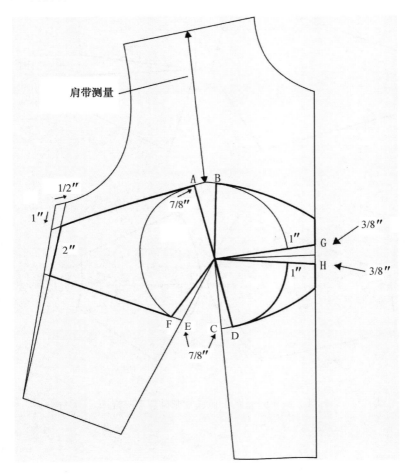

（a）Armstrong 的文胸前片基础版型

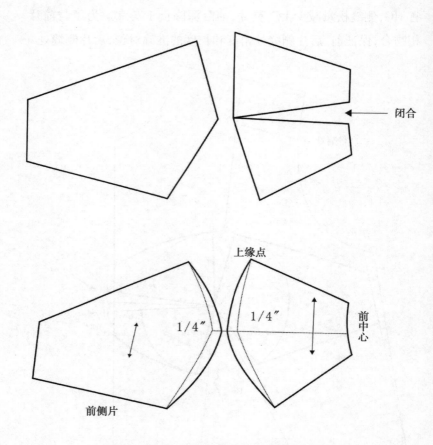

（b）Armstrong 的文胸前片基础版型完成图

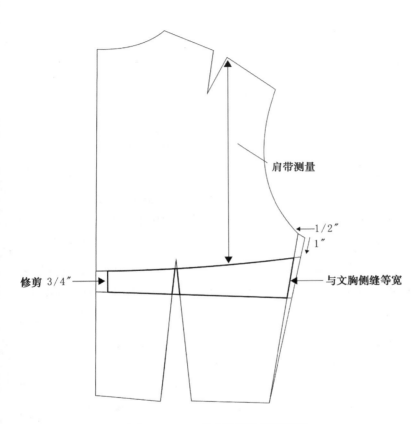

肩带测量

1/2″

1″

修剪 3/4″

与文胸侧缝等宽

（c）Armstrong 的文胸后片基础版型

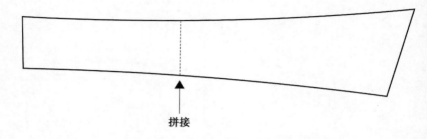

拼接

（d）Armstrong 的文胸后片基础版型完成图

图6-6　Armstrong 的文胸版型开发

松量也减小 1/2 英寸,袖窿深降低 1 英寸,如图 6-6（c）所示,在后中心位置减少 3/4 英寸的松量,腰省部位拼接,如图 6-6（d）所示。

　　整个文胸基础版型由 3 部分组成,罩杯前片、后片和侧翼。如图 6-6（b）所示,罩杯上、下两部分合并,去除水平分割线;在垂直分割线的胸点处前、后两片各增加 1/4 英寸并弧线画顺,以增加文胸罩杯容量。检查文胸前胸部分和后背部分的长度,通常情况下,前胸部分的长度比后背部分的长,但前后两者之和要等于胸围值大小,尤其是使用无弹性面料。

　　（五）Haggar 的文胸基础版型

　　1990 年,第一本由英国 Haggar 写的强调内衣结构设计的书问世。她主张,上衣原型的前、后衣片侧缝部分重叠至前、后衣片的胸围值等于胸围（胸围88 厘米）的一半。这种方法比那些随意、主观地在衣片侧缝,前中心或后中心处随意减小尺寸的方法更加合理。图6-7 是 Haggar 的文胸基础版型开发示意图,表6-1 系统地介绍了 Haggar 文胸基础版型的绘制方法、目的、尺寸设定、说明和存在问题,其中尺寸设定都体现了文胸细部尺寸之间的关系,然而那些关于文胸结构设计中的细部尺寸与人体乳房细部尺寸之间的关系依然是个谜。

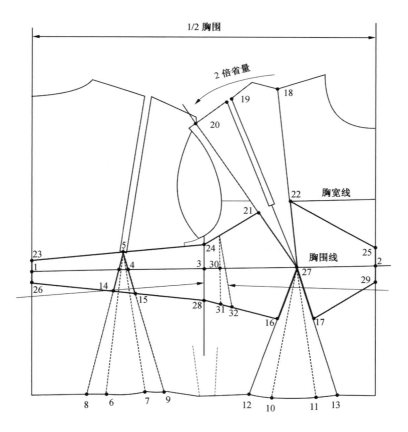

（a）Haggar 文胸基础版型开发

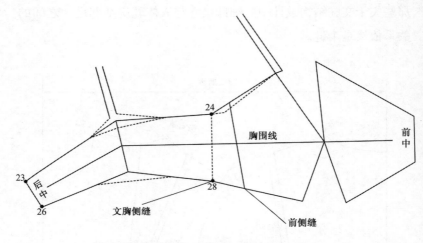

（b）Haggar 的文胸基础版型完成图

图 6-7 Haggar 的文胸版型开发

表 6-1 Haggar 的文胸版型设计步骤（参照图 6-7）

步骤	绘制方法	尺寸设定	目的	备注/存在问题
1	上衣原型的前、后衣片侧缝部分重叠，使前、后衣片的胸围值等于胸围（胸围88厘米）的一半	[1 – 2] = 胸围/2	去除上衣原型中的放松量	适用于无弹性的服装面料
2	重叠后的胸围二等分	[1 – 2] = [2 – 3]	确定侧缝位置	胸围二等分法适合无钢圈文胸
3	从胸围线向上量取腰省长 2.5 厘米	[4 – 5] = 2.5 厘米	抬高侧翼上缘线	侧翼上边缘线在腰围线上方 2.5 厘米处
4	前、后衣片腰省扩大为原来的 2 倍	[8 – 9] = 2 × [6 – 7] [12 – 13] = 2 × [10 – 11]	去除胸点下部的所有松量	2 × [14 – 15] + 2 × [16 – 17] = 胸围 – 胸下围?

续表

步骤	绘制方法	尺寸设定	目的	备注/存在问题
5	往袖隆方向将肩省扩大到原来的2倍	[18－20]＝2×[18－19] [18－19]＝88/16－0.3＝5.2厘米 （88厘米为胸围）	去除胸点上部的所有松量	2×[21－22]＝胸围－胸宽？
6	画罩杯上缘线（以胸围线为基准）：a. 后中心线处抬高1.5厘米 b. 侧缝处抬高3厘米 c. 从胸点往两肩省线各取9厘米 d. 前中心线处抬高2.5厘米	[1－23]＝1.5厘米 [3－24]＝3厘米 [21－27]＝[22－27]＝9厘米 [2－25]＝2.5厘米	画罩杯上边缘造型线	保护乳房，撑托乳房到合适位置
7	画罩杯下缘线（以胸围线为基准）：a. 后中心线处下降2厘米 b. 侧缝处下降4.5厘米 c. 从胸点往两肩省线各取7.5厘米 d. 前中心线处下降2.5厘米	[1－26]＝2厘米 [3－28]＝4.5厘米 [16－27]＝[17－27]＝7.5厘米 [2－29]＝2.5厘米	画罩杯下边缘造型线	钩扣宽度＝侧翼末端宽度＝3.5厘米？ [16－27]＝[17－27]＝下奶杯弧线长？
8	画侧缝线： a. 从胸点往侧缝方向量取胸点到前中心线的距离，并做胸围线垂线 b. 侧缝平分线与罩杯下缘线交点处往前中心方向移1厘米	[30－27]＝[2－27] [31－32]＝1厘米	罩杯前后合理分配	将乳房看成前后对称

步骤	绘制方法	尺寸设定	目的	备注/存在问题
9	画肩带： a. 前肩带，连接罩杯上顶点与扩大后的前肩省中点的距离 b. 后肩带，连接后腰省顶点与后肩线中点的距离	前肩带肩线处交点"19"；后肩带腰省处交点"5"	将后肩带顶点定在后肩线中点	
10	画侧翼： a. 将后腰省合拢，画侧翼轮廓线 b. 修正连接处凹凸部分，腋下部分内收	修正量为 0.5 厘米	使侧翼轮廓线更圆顺，穿着更舒适	完成的侧翼边缘线是否弯曲过度？
11	测量侧翼上、下缘新弧线的长度，并在后中心线处添加必要的松量	松量＝[23－24]－新[23－24]，以此类推	保证侧翼上、下缘线在修正过程中长度不变	罩杯缝线没有修正？

以上几种文胸基础版型开发的方法对文胸基本版型的设计具有重要的指导作用，但是没有相关的实验去测试和评价其结果的合理性。每种方法中文胸版型设计的细部尺寸和乳房细部尺寸之间的逻辑和数学关系依然需要进一步探索，文胸合体性所需要的省道分布与大小也存在问题。

二、国内文胸基础版型研究

由于中国人与日本人同属亚洲人种，两国地域也比较接近，人体体型具有相似性。因此，目前我国内衣企业的文胸原型是由日本书化式标准女装原型修正而来的，主要是根据文胸的特性，将紧身的标准女装原型的胸围线及其附近的放松量全部去除，达到等于甚至小于人体测量的净体尺寸，如图 6-8 所示，其绘制步骤如下：

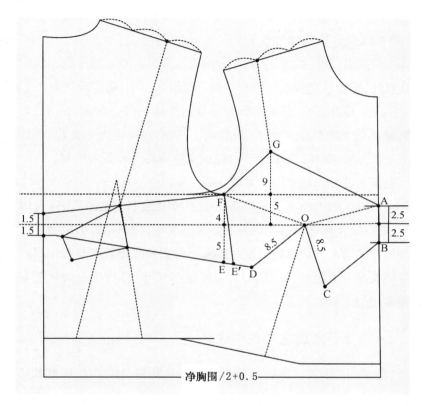

图6-8　文胸基础版型(单位:厘米)

罩杯部分:在前中心线上,胸围线向上2.5厘米取点A、向下2.5厘米取点B,定出鸡心的上点和下点,在胸省线上分别取下杯高8.5厘米,确定罩杯的下缘点C、D。

侧缝线:为了使文胸具有更多的支撑效果,同时控制罩杯区域的形状,应该采用更加靠前的侧缝线。胸围线上,从胸点向侧缝量方向量取胸点到前中线的距离,并作垂直线,垂直线与胸围线的交点向上4厘米取点F、向下5厘米取点E,并将该线下部向前平移1厘米取点E′完成侧缝线FE′。

肩夹点:胸围线上,从胸点向侧缝量方向5厘米处作胸围线的垂直线,垂直线与胸围线的交点向上量取9厘米,确定肩夹点。

完成罩杯部分:按顺时针方向分别连接上鸡心点A、下鸡心点B、罩杯前下缘点C、胸点O、罩杯后下缘点D、侧缝线下点E′、侧缝上点F、肩夹点G、上鸡心点A,完成文胸罩杯部分版型绘制。

其余部分绘制方法详见图6-8。

从以上国内外文胸基础版型的来源及绘制方法来看,随着时间的推移,文胸基础版型的绘制越来越规范,特别是文胸版型中细部尺寸的确定更加有据可循。Haggar的文胸基础版型与我国目前常用文胸基础版型,版型来源、文胸细部尺寸设定、绘制方法等有很多相似之处。

6.2.2　文胸基本版型设计

实际上,内衣企业的制版师在文胸结构设计时往往凭借其经验数值和公式,采用直接法进行文胸结构设计,而目前为止还没有相关的资料和文献对其准确性和精确度以及部位尺寸与乳房细部尺寸之间的关系进行研究和评价。

钢圈在现代文胸设计中起重要的作用,它具有较好的束型效果和支撑力,所以钢圈型文胸在设计和生产中占有绝大多数的比重。钢圈型文胸设计主要包括两个部分,一是罩杯设计,以乳房尺寸和造型为基础;二是文胸下围设计(含鸡心部分),以钢圈弧度为基础。下面就从钢圈型文胸讨论文胸基本版型的研究。

一、国外文胸基本版型研究

图 6-9 为 Morris 的文胸基本版型设计图。Morris 利用钢圈形态进行文胸下围版型设计,先确定钢圈的中心点,中心点具有平衡文胸罩杯侧翼拉力的作用。以文胸标准号型 75B/34B 为例,下围总长度为 63 厘米(含钩扣长度)、胸点到前缘点的长度为 9 厘米、胸点到罩杯侧缘点的长度为 10 厘米、罩杯深(胸点到乳根围的距离)为 8.5 厘米、乳横宽 13.5 厘米。表 6-2 为文胸下围基本版型绘制步骤及尺寸设计,表 6-3 为文胸罩杯基本版型绘制步骤及尺寸设计。

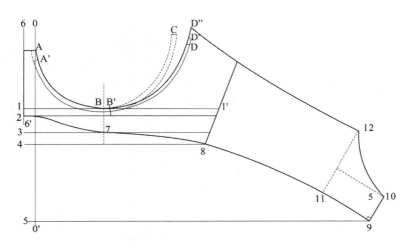

(a) 文胸下围设计

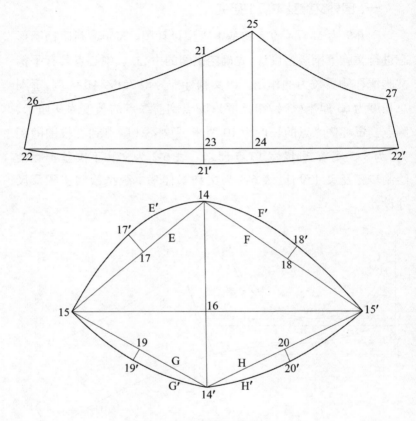

（b）文胸罩杯设计

图6-9 Morris 的文胸基本版型设计

表6-2 Morris的文胸下围基本版型绘制步骤[参照图6-9(a)]

步骤	绘制方法	尺寸设定	目的	备注/存在问题
1	画直线[0-0′]及其5条垂直线[1]、[2]、[3]、[4]、[5]	[1-2]=0.5厘米 [2-3]=1.5厘米 [3-4]=1厘米 [4-5]=7厘米	下围版型参照线	
2	放置钢圈使其内弧线前端点与直线[0-0′]相切、中心平衡点与直线[1-1′],并沿钢圈画轮廓线(图中虚线)	A为钢圈内弧线前端点与直线[0-0′]的切点,B为钢圈内弧线与直线[1-1′]的交点	确定钢圈的放置方法	钢圈的内弧线必须与参照线相切,因为人体乳根围也是与其相切
3	打开钢圈,使其宽度等于乳横宽13.5厘米	原钢圈侧端点C转后为D点,A、D两点的水平距离为乳横宽13.5厘米	确保在穿着过程中文胸下围随钢圈打开	75B号型的文胸乳横宽13.5厘米是定值?
4	将钢圈逆时针方向(或往侧缝)旋转0.5厘米	原来钢圈前顶点A转后为A′,B点转后为B′、D点转后为D′	与文胸穿着后钢圈情况相吻合	钢圈旋转是必要?
5	在旋转后的钢圈弧线顶端各留出0.5厘米钢圈空隙,并按照钢圈弧线形状画顺	[A-A′]=0.5厘米 [D′-D″]=0.5厘米	留钢圈移动空间	钢圈空隙的最大值和最小值?
6	画前中心线[6-2],并过A点向直线[6-6′]画垂直线段,其为鸡心上缘	[0-6]=1厘米	鸡心宽度的一半	
7	曲线连接点2、7、8、9	[B-7]=2.0厘米 [4-8]=15.75厘米 [8-9]=30.5厘米	画文胸下围的下缘弧线	
8	过点9做文胸下围下缘线的垂直线段[9-10]	[9-10]=2.5厘米		文胸下围后中宽度2.5厘米,是否与原先生产的钩扣带宽度相匹配?

步骤	绘制方法	尺寸设定	目的	备注/存在问题
9	在直线[8－9]上取点11,并过点11做直线[9－10]的平行线	[11－12]=6.6厘米	形成 U 形下围造型	
10	画曲线连接点 D″和点12		形成圆顺的上缘线	
11	过点8向文胸下围上缘线做钢圈弧线的平行线	线段[8－13]的长度随弧线[D″－12]的造型变化而变化		直线[8－13]的角度可以变化吗?

表6-3　Morris 的文胸罩杯基本版型绘制步骤[参照图6-9(b)]

步骤	绘制方法	尺寸设定	目的	备注/存在问题
1	画2条相互垂直的直线[14－14′]、[15－15′]	[14－14′]=8.5厘米 [14－16]=5.5厘米 [16－14′]=3厘米	画文胸下罩杯参照线	
2	从点14画直线 E 和 F,使其与直线[15－15′]相交	[E]=8.5厘米 [F]=9.5厘米		
3	画直线 G 连接点15 和14′、直线 H 连接点14′和15′,平分线段[E]、[F]、[G]、[H],其平分点分别为点17、18、19、20			
4	分别过点17、18、19、20做线段[E]、[F]、[G]、[H]的垂线段	[17－17′]=1.2厘米 [18－18′]=0.8厘米 [19－19′]=0.6厘米 [20－20′]=0.6厘米	确定下罩杯边缘弧线	
5	分别画线段[E]、[F]、[G]、[H]对应的弧线[E′]、[F′]、[G′]、[H′]	[E′]=9.0厘米 [F′]=10.0厘米	尺寸与乳房尺寸(乳平围)相匹配	

续表

步骤	绘制方法	尺寸设定	目的	备注/存在问题
6	画2条相互垂直的直线 [21 – 21′]、[22 – 22′] 交与点23	[22 – 23] = 8.9 厘米 [23 – 22′] = 9.9 厘米 [23 – 21′] = 0.9 厘米		如何确定 [23 – 21′] 的尺寸大小 0.9 厘米?
7	画曲线连接点 22、21′ 和 22′	[22 – 21′] = 9.0 厘米 [21′ – 22′] = 10.0 厘米	与弧线 [E′]、[F′] 长度相等	
8	在直线 [22 – 22′] 取点 24	[23 – 24] = 2.6 厘米	确定肩带位置	哪里是肩带的最佳位置?
9	过点 24 画直线 [21 – 21′] 的平行线段 [24 – 25]	[24 – 25] = 6 厘米		
10	分别过点 22、22′ 做弧线 [22 – 22′] 的垂线段 [22 – 26]、[22′ – 27]	[22 – 26] = [A – B′] – [G′] [22′ – 27] = [B′ – D″] – [H′]		
11	画弧线连接点 25、26、27		确定罩杯上缘弧线	

二、国内文胸基本版型研究

目前国内内衣企业文胸基本版型的设计一般分为两个部分进行:文胸罩杯、文胸鸡心与侧翼。

必要参考尺寸:

文胸号型:75B

总杯宽 = 19.5 ~ 20.5 厘米(含捆条宽度和人体呼吸量)

前杯宽 = 总杯宽/2 – (0.75 ~ 1)厘米

后杯宽 = 总杯宽/2 + (0.75 ~ 1)厘米

下奶杯高 = 8.5 ~ 9.5 厘米(含捆条宽度)

罩杯省量尺寸＝杯宽/2±0.5厘米

具体制作步骤如下：

（一）文胸罩杯基本结构设计

（1）确定BP点O。

做水平线BL为胸围线，并在线上取点O作为胸点（即BP点）。

（2）确定鸡心位点A。

在胸围线左上方2厘米处作水平线，并在线上取点A，使其距胸点O的距离为前杯宽尺寸9厘米，这一点就是罩杯的鸡心位端点。

（3）定侧位点B。

在胸围线右上方3.5厘米处作平行线，并在这一平行线上取点B，使之距O点的距离为后杯宽尺寸11厘米，这一点就是罩杯的侧位端点。

（4）作杯高线OC。

连接鸡心位点A与侧位点B，通过胸点O作AB的垂线OC，即为杯高线。

（5）作罩杯省道DOD′。

以罩杯省量的一半为间距在下杯高线两侧做平行线，以胸高点O为圆心、下杯高8.5厘米为半径画圆，交两平行线于D、D′点，即为罩杯的下缘点。由于乳房的曲率变化比较大，而且文胸紧贴乳房表面，决定了文胸罩杯的胸省应该是弧形省而不是圆锥省。其弧线的做法为：分别将两省线OD、OD′三等分，在靠近胸点O等分点处垂直斜线向外凸出0.6厘米，以平滑的曲线连接OD、OD′，完成下罩杯省道弧线。

（6）作捆碗弧线 AD 与 BD′。

将前下捆碗斜线 AD 二等分,等分点处垂直斜线向外凸出 1 厘米,将后下捆碗斜线 BD′二等分,等分点处垂直斜线向外凸出 1.3厘米,分别以平滑的曲线连接心位点 A 与下缘点 D、侧位点 B 与下缘点 D′,完成捆碗弧线。

（7）作上杯边弧线 AE 与肩夹弧线 BE。

在后杯宽线靠近侧位点（B）3.5 厘米处做垂线,在垂线上取一点 E,使之距侧位点（B）7 厘米,以平滑的曲线连接侧位点 B——肩夹点 E——鸡心位点 A,其中上杯边于中点处向外凸出 0.8 厘米;肩夹弯于中点处向内凹进 0.6 厘米。

（8）作上杯边 AC′B（无肩夹）。

如果罩杯无肩夹,则在杯高线上距胸点 4 厘米取一点 C′,以平滑的曲线连接上杯边 AC′B,完成上杯边。文胸基本版型图如图 6-10所示。

（二）文胸下围设计

文胸的下围包括包括鸡心与侧翼两部分,主要是在钢圈弧型的基础上进行设计,如图 6-11 所示。

（1）以钢圈为基础制图,侧位点分别向上延长 0.75 厘米,并在鸡心位点做水平线段 1 厘米为 1/2 鸡心上宽。以鸡心位点、钢圈底点做垂直水平线,并延长水平线为（下胸围/2 − 钩扣宽）,分别为前中心线和下胸围线。

（2）钢圈底点向下做垂线 1.5 厘米为下扒高度,下胸围线右端点向下 1.5 厘米为后中点。

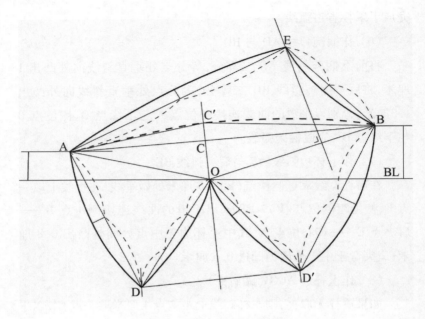

图 6-10   文胸罩杯基本版型

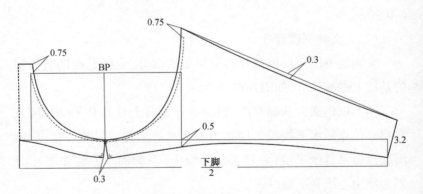

图 6-11   文胸下围结构设计（单位：厘米）

（3）过后中点做下胸围弧线的垂直线，长度为后中钩扣的宽度（一般为 3.2 厘米），按照图示完成侧翼上围弧线。

（4）按照图示将下扒开收省，并修顺杯底弧线。

内衣企业在文胸结构设计时，不同款式和造型的文胸都是在文胸基本版型的基础上变化的，通过罩杯破缝、省道转移及鸡心位高低和宽窄等变化来实现，图 6-12 为文胸罩杯的变化示意图。

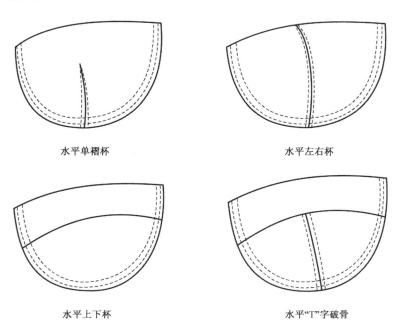

水平单褶杯 水平左右杯

水平上下杯 水平"T"字破骨

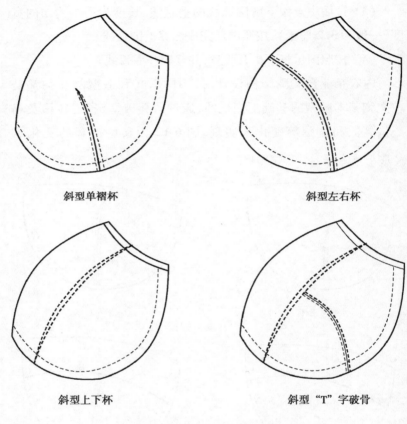

斜型单褶杯   斜型左右杯

斜型上下杯   斜型"T"字破骨

图 6-12　文胸罩杯变化示意图

✳ 6.3　本章小结

（1）通过对乳房侧面形态与文胸罩杯设计之间关系的分析，得出我国青年女性乳房侧面形态以扁平型和普通型为主，3/4 杯带钢圈型文胸适用范围最广。

（2）分析国内文胸版型研究特点,结合国内内衣企业文胸基本结构设计的方法,找出文胸基本结构设计中主要部位的尺寸数据,为后续章节研究文胸结构设计中主要尺寸与乳房尺寸间的关系做准备。

文胸基础结构设计中
主要尺寸与乳房尺寸间的关系

从第 6 章国内外文胸基础版型的设计与开发过程中可以看到,内衣企业文胸结构设计中各部位尺寸的确定完全依赖于设计师的经验。国内内衣企业的文胸制版师傅,往往依靠"师傅带徒弟"的方式一代一代传下去,存在很大的局限性。文胸结构设计中主要部位尺寸与乳房细部尺寸之间的关系至今没有相关的文献可以查询,弄清两者之间的关系可以为国内文胸结构设计的科学化和持续性发展提供重要帮助。

7.1 文胸结构设计中主要部位与乳房细部尺寸之间的关系

7.1.1 主要部位的人体乳房细部尺寸依据

第 6 章图 6-10 的文胸罩杯制版方法是国内内衣企业普遍采

用的方式,其中的大部分尺寸都能在本书第 4、5 章的乳房细部特征尺寸中找到其人体依据。

图 6-10 中的线段 AO→乳房前奶杯弧线长,线段 OB→乳房侧奶杯弧线长,线段 OD→乳房下奶杯直线距离,弧 OD→乳房下奶杯弧线长,弧 AD – D′B→乳房钢圈围;而弧 AD、D′B、OD 等弧线的弯曲程度与乳房的丰满程度、脂肪含量有关,乳房脂肪含量高,这些弧线的弯曲程度就大,反之则小;DD′的大小由文胸罩杯省量的大小决定,文胸罩杯省量大小的确定是文胸罩杯结构设计中比较重要且复杂的一步,将在后面的研究中作专门的讨论;弧 AC′B 是文胸的上边缘,在造型美观设计的同时要考虑其乳房的贴合程度;E 点即肩带位的确定与文胸的功能、人体肩部形态有关。

7.1.2 控制部位与乳房细部尺寸间的关系

一、控制部位

文胸结构设计除了文胸罩杯的设计外,还包括鸡心位、侧翼、肩带等部位的辅助设计。因此在文胸结构设计前要对乳房高度、乳房间距、弧度、胸围等有清楚的了解。根据以往一些学者研究的结果,笔者找到了基于不同文胸号型的控制部位详细尺寸及跳档系数,如表 7-1 所示。

表 7-1　胸部各部位的尺寸标准　　　　　单位:厘米

		70	75	80	85	档差
	A	6.5	6.9	7.3	7.7	0.4
下奶杯	B	6.9	7.4 *	7.9	8.4	0.5
	C	7.3	7.9	8.5	9.1	0.6
	A	7.1	7.6	8.1	8.6	0.5
胸点至中心位减心位	B	7.5	8.1 *	8.7	9.3	0.6
	C	7.9	8.6	9.3	10	0.7
	A	7.5	8	8.5	9	0.5
胸点至胸外缘	B	7.9	8.5 *	9.1	9.7	0.6
	C	8.3	9	9.7	10.4	0.7
	A	16.2	17	17.9	18.9	–
两胸点间距	B	16.7	17.7 *	18.8	20	–
	C	17.2	18.4	19.7	21.1	–
	A	11.2	11.8	12.4	13	0.6
钢圈通过胸点的间距	B	11.7	12.3 *	12.9	13.5	0.6
	C	12.2	12.8	13.4	14	0.6

注:表中带 * 号的数字为 75B 的尺寸

二、控制部位与乳房细部特征尺寸间的对应关系

从表 7-1 得到的文胸结构设计中的主要控制部位在本书第 4、5 章的乳房细部特征尺寸的测量项目中也能找到其对应的人体尺寸依据:下奶杯→下奶杯弧线长,胸点至中心位减心位→前奶杯弧线长,胸点至胸外缘→侧奶杯弧线长,两胸点间距→乳间距,钢圈通过胸点的间距→乳平距,其各部位测量尺寸如表 7-2 所示。

表 7-2　　乳房细部特征尺寸表　　　　　　单位:厘米

		70	75	80	85
下奶杯弧线长	A	7.1	6.4	6.6	6.6
	B	7.2	7.5 *	7.5	7.9
	C	7.7	7.7	7.4	#
前奶杯弧线长	A	8.9	8.5	9.3	7.5
	B	8.6	8.9 *	9	10
	C	9.5	9.3	9.5	#
侧奶杯弧线长	A	9.8	10	11.1	11.6
	B	9.8	10.6 *	10.8	12
	C	10.8	10.6	11	#
乳间距	A	18.6	18.3	19.1	19
	B	18.4	18.8 *	20.4	20.1
	C	19	19.9	21.1	#
乳平距	A	14	13.7	14.8	15.1
	B	13.6	14.4 *	14.7	16.5
	C	14.2	14.5	14.4	#

注:表中带 * 号的数字为 75B 的尺寸,带#号为空缺数据

比较表 7-1 与表 7-2 中的数据发现,表 7-2 中实际测量的乳房细部特征尺寸数据与表 7-1 中的标准尺寸有一定的差异,主要体现在以下几个方面:

第一,表 7-1 中同号不同型或同型不同号的相邻号型文胸的同一部位尺寸数据存在严格的等差递增或递减规律,而表 7-2 中数据的递增或递减的规律性却不明显。尤其是样本量较少的文胸号型的数据,没有一定的规律性,有些数据甚至反过来,例如 70A

的下奶杯弧线长(7.1厘米)比85A的(6.6厘米)大0.5厘米。这主要原因是穿着过大或过小号型规格文胸的样本容量太小,代表性比较差,只能作为个体案例来观察。这也说明两个问题:其一,从单一的样本来看,每个人的乳房造型都存在着一定的差异性,穿着同号不同型或同型不同号文胸的人,其乳房细部特征尺寸不一定存在着递增或递减的规律;其二,文胸的号型配置个体匹配性较差,这是造成目前女性在文胸选购时需要反复试穿才能找到合适号型的重要原因。然而,从75B和75C等样本量较大的号型数据看,各数据之间虽然没有严格按照表7-1中的递增或递减规律,但其规律性较其他号型的有明显的提高,说明只要样本量足够大,上述的乳房细部特征尺寸之间存在的规律性与文胸主要控制部位尺寸之间存在的规律性是相符的。

第二,以75B的文胸号型为例,表7-2中的下奶杯弧线长和前奶杯弧线长与表7-1中对应的下奶杯和胸点至中心位减心位,这两对数据大小相差很小;乳平距(14.4厘米)、乳间距(18.8厘米)、侧奶杯弧线长(10.6厘米)与其对应的钢圈通过胸点的间距(12.3厘米)、两胸点间距(17.7厘米)、胸点至胸外缘(8.5厘米)存在较大的数值差异。这说明:文胸结构设计中细部尺寸的确定基于人体乳房细部特征尺寸,并根据文胸的功能对其数据进行必要的缩减。因为人体在裸态的时候,乳房是处于松弛状态,而穿上文胸以后,由于文胸对乳房的美化作用,将乳房侧奶部位往前中心推,使侧奶杯弧线长变小,乳间距缩短,产生漂亮的乳沟。这种数据大小的变化还与文胸功能的不同有关。

7.2   文胸结构设计中主要参数的回归分析

7.2.1   主要参数的提取

一、文胸罩杯结构设计主要参数

罩杯结构设计是文胸结构设计中的重点,根据笔者深入内衣企业一个多月的学习调研以及内衣企业提供的文胸生产详单资料,笔者认为在文胸结构设计中除了上述的 5 个控制部位(下奶杯弧线长、侧奶杯弧线长、前奶杯弧线长、乳间距、乳平距)外,还应该加上以下主要参数:下奶杯垂线距、乳深、乳房钢圈围、乳平围等尺寸数据。

二、文胸辅助设计参数

除了文胸罩杯结构设计外,根据文胸款式的不同,鸡心位、侧翼、后钩扣高度、后肩带位等辅助部位的设计也很重要。对于鸡心位与侧翼的设计,通常是在文胸钢圈形状、位置确定好了以后,根据款式要求的不同给定数值范围,例如鸡心的高度一般在胸围线上下,鸡心上宽一般取 2 厘米;后钩扣的高度设计,主要是根据所使用的钩扣材料定的,有单排扣、双排扣、三排扣及多排扣之分,一般单排扣为 2.5 厘米、双排扣为 3.2 厘米、三排扣为 3.8 厘米;后肩带位一般距后中心 4 厘米左右。

此外,作为文胸号型分类依据的胸围、胸下围、胸差(胸围-胸下围)也是文胸结构设计的重要参数。

7.2.2　主要参数的回归分析

一、回归分析的必要性

在文胸结构设计中,仅知道乳房细部特征尺寸的每个测量项目的数学特征还不够,乳房各部位间存在着相互联系与影响,所以描述乳房特征部位间的关系非常重要。如果能够用其中具有代表性且容易获得的数据推算出其他部位的数据,就可以简化上述文胸罩杯结构设计中一些主要参数的测量过程,方便不容易测量部位数据的获得。这是服装制版中各部位尺寸确定的常用方法,也可以使本书的研究结果在内衣企业中推广成为可能。同时,在文胸结构设计过程中,基于人体乳房细部特征尺寸的回归方程的建立将使文胸结构设计更加科学、规范。

二、基础部位的选择

选择服装人体尺寸的基础部位必须遵循以下原则:

(1)基本部位是重要部位。

(2)基本部位的变化最大且与人体体型变化的规律相符合,并与服装生产的实际经验相一致。

(3)由基本部位确定的人体体型应尽可能多地覆盖人群。

(4)基本部位数量尽可能少。

(5)基本部位尺寸应是易测量的,且易为大众所熟悉接受。

参照服装人体尺寸基础部位的选择原则,结合第5章中测量项目的相关性分析和主成分分析结果,最终选择胸围和胸差(胸围-胸下围)作为自变量,而将其他主要参数作为因变量。

三、主要参数回归方程的建立

从附表5-1的相关系数矩阵表中可以看出,胸围和胸差与上述的文胸结构设计中主要参数所对应的乳房细部特征尺寸都有较大的相关性。本书利用SPSS统计软件,将文胸结构设计中主要参数所对应的乳房细部特征尺寸分别与胸围、胸差及胸围和胸差建立一元和二元回归方程,并从复相关系数 R 的大小、判定系数 R^2 的大小、实际应用中计算的难易程度等角度综合考虑,选择以上各主要参数相对比较合适的回归方程。

本书以乳间距为例,以胸差为自变量,得出的回归过程及回归结果见表7-3至表7-6。

表7-3 被引入或从回归方程中剔除的各变量

Variables Entered/Removed[b]

Model	Variables Entered	Variables Removed	Method
1	胸差[a]		Enter

a. All requested variables entered

b. Dependent Variable:乳间距

表7-3是回归方程的拟合过程,自左向右各列的含义是:"Model"为回归模型拟合过程的步骤编号,这里采用一元线性回归,因此只有一步。"Variables Entered"表示引入回归方程的自变量,"Variables Removed"为被剔除回归方程的自变量,这里没有被剔除的自变量。"Method"为自变量引入回归模型的方法,这里采用强进入法 Enter。

表 7-4　模型综述

Model Summary[b]

Model	R	R Square	Adjsted R Square	Std. Error of the Estimate
1	.603[a]	.364	.357	.9957

a. Predictors：（Constant），胸差

b. Dependent Variable：乳间距

　　表 7-4 为回归方程常用统计量。R 是复相关系数,表示自变量与因变量之间线性关系的密切程度,取值范围在 0~1 之间,其值越接近 1,表示线性关系越强;越接近 0,表示线性关系越差。R^2 为判定系数,用来判定一个线性回归直线的拟合优度。$R^2 = \dfrac{\sum(\hat{y}_i - \bar{y})^2}{\sum(y_i - \bar{y})^2}$ 表示判定系数等于回归平方和在总平方和中所占的比率,体现了回归模型所能解释的因变量变异的百分比。当 $R^2 = 1$ 时,所有的观测点全部落在回归直线上;当 $R^2 = 0$ 时,自变量与因变量无线性关系。"Adjusted R Square"是消除了自变量个数影响的 R^2 的修正值;"Std. Error of the Estimate"是估计的标准误差。

表 7-5　方差分析

ANOVA[b]

	Model	Sum of Squares	df	Mean Square	F	Sig.
	Regression	56.644	1	56.644	57.131	.000[a]
1	Residual	99.148	100	.991		
	Total	155.793	101			

a. Predictors：（Constant），胸差

b. Dependent Variable：乳间距

表7-5为方差分析表。表中显示因变量观测值与均值之间的差异的偏差平方和(Total)由回归平方和(Regression)与残差平方和(Residual)两部分组成,回归平方和反映自变量的重要程度,残差平方和反映试验误差以及其他因素对实验结果的影响。"Mean Square"为均方和,"df"为自由度,"Sig."为大于 F 值的概率。方差分析结果表明,回归方程以胸差为自变量时,其显著性概率值小于 0.05,拒绝回归系数为 0 的原假设,回归方程有意义。

表7-6 回归系数表

Coefficients[a]

Model		Unstandardized Coefficients		Standardized Coefficients	t	Sig.
		B	Std. Error	Beta		
1	(Constant)	16.032	.424		37.849	.000
	胸差	.258	.034	.603	7.558	.000

a. Dependent Variable:乳间距

表7-6 为回归结果分析表,表中显示的"Unstandardized Coefficients"为非标准化回归系数,"Standardized Coefficients"为标准化回归系数,t 为偏回归系数为 0(或常数项为 0)的假设检验的 t 值,"Sig."为假设检验的显著性水平,均小于 0.05,拒绝偏回归系数和常数项为 0 的原假设,回归方程有意义。

综合上述的分析过程,得到乳间距关于胸差的回归方程为:

乳间距 = 0.258 × 胸差 + 16.032

利用同样的方法可以得到其他主要参数关于胸差、胸围及胸差和胸围的一元和二元回归方程,如附表 7-1 所示。表中的复相关系数 R、判定系数值 R^2 的大小说明以胸差、胸围及胸差和胸围为自变量的回归方程均有意义。

从复相关系数 R、判定系数 R^2 值的大小上看，二元线性回归直线的拟合优度高于一元线性回归的拟合优度，而以胸差为自变量的大多数测量项目的一元线性回归直线的拟合优度高于以胸围为自变量的一元线性回归直线的拟合优度；从回归方程中常数项的大小以及自变量前面系数的复杂程度上看，按照不同自变量得出的回归方程对不同测量项目的优越性有所差异；从服装专业知识上看，在服装结构设计时，总希望经验公式中自变量的系数越工整、越好记越好，而常数项的数值不应太大。综合以上三个方面的考虑，得出表 7-7 的各主要参数的回归方程。

利用同样的方法，可以获得文胸结构设计中其他参数的回归方程，为文胸结构设计提供科学的公式依据。

表 7-7　主要参数回归方程

主要参数	回归方程
前奶杯弧线长	$0.200 \times C + 6.609$
侧奶杯弧线长	$0.139 \times B - 1.502$
下奶杯弧线长	$0.258 \times C + 4.329$
乳间距	$0.153 \times B + 6.041$
乳平距	$0.141 \times B + 2.073$
下奶杯垂线距	$0.105 \times C + 4.839$
乳深	$0.243 \times C + 2.232$
乳房钢圈围	$0.12 \times B + 9.372$

主要参数	回归方程
乳平围	$0.151 \times B + 0.46 \times C + 0.734$
乳间曲线长	$0.17 \times B + 6.042$

注:公式中 B 代表胸围,C 代表胸差

7.3 文胸推档放码中主要参数档差的人体依据

不同号型服装的各部位尺寸之间存在一定的联系。服装企业在服装批量生产的结构设计过程中,根据不同号型间的尺寸差(档差),采用中间人体体型的版型通过推档放码的方式获取更多人体体型的版型,以满足生产的需要,既浪费时间又浪费劳动力。

文胸推档放码是内衣企业文胸批量生产中十分重要的技术性环节。文胸的工业化生产要求同一款式的文胸有多个号型,以满足不同体型人的穿着要求。这就要求内衣企业必须按照国家或国际以及行业技术标准,综合考虑面料、工艺等因素的影响后,将基础版型进行放码,增加号型和不同尺寸,制作出可以直接用于生产的一整套号型不同的系列化版型。

内衣企业文胸系列化版型的获得通常是通过推档放码的方法来实现的,即选择中间号型(内衣企业一般以 75B 为基准码)为基样,按一定的档差推出其他号型的版型。而档差值的来源就是穿着不同号型文胸的乳房细部特征尺寸差值。因此,档差值是否与不同号型文胸的乳房细部特征尺寸差值相吻合是文胸推档放码科学与否的标志。目前我国内衣企业文胸推档放码的依据就是文胸的号型标准。由于文胸的号型分为号和型两个部分,所以文胸的推档放码也分为从型的变化与从号的变化两个方面来进行。

7.3.1 同号不同型文胸的推档放码

同号不同型是指文胸的胸下围尺寸(号)不变,变的只是文胸的型(即胸围和胸下围的差值,罩杯大小)。根据内衣企业提供的资料及有关的书籍资料,得到同号不同型文胸的主要部位的推档档差,如表7-8 所示。

表7-8 同号不同型文胸主要部位档差 　　　　单位:厘米

部位	档差1	档差2	档差3
下奶杯弧线长	0.5	0.6	0.5
前奶杯弧线长	0.6	0.5	0.4
侧奶杯弧线长	0.6	0.8	1
乳房钢圈围	1.3	1.2	1.1
乳平距(钢圈内径)	0.6	0.6	0.6
下奶杯垂线距(胸高差)	0.3	0.3	0.3

注:档差1 为内衣企业文胸结构设计用档差,档差2 是根据本书获得的回归方程推出来的,档差3 为本书测量获得的相邻同号不同型文胸所对应的乳房细部特征尺寸差值。

从表7-8 可以看出:档差1、2、3 除了侧奶杯弧线长测量项目外,大部分数值还是比较接近的。侧奶杯弧线长的档差出现较大差异有两个原因:

第一是样本量大小差异。档差 2 所用到的回归公式是在所有 102 个优化样本的基础上推导出来的，代表性比较高，而档差 3 是将 102 个优化样本按照文胸号型分类标准分成 23 个的不同号型（如图 4-9 所示）后，抽取其中样本量相对比较大的两个相邻同号不同型文胸所对应的乳房细部特征尺寸的差值，因此其代表性相对比较低，造成某些尺寸存在差异。

第二是侧奶杯弧线长所对应的文胸部位的特殊性。文胸的矫形性一方面体现在面料的弹性上，另一方面体现在文胸罩杯的裁剪上。在文胸结构设计时可以有目的地改变一些部位的尺寸，以达到更好的美化和修饰作用，例如减少乳房后侧面的量，使靠近前中侧的罩杯容量增大，起到侧推及归拢集中的作用，并产生乳沟效果。因此文胸在推档放码时，侧奶杯弧线长的档差要比人体实际尺寸差小。

得出结论是：内衣企业对同号不同型文胸主要部位的推档放码基本上符合人体乳房细部特征尺寸的变化规律。

7.3.2 同型不同号文胸的推档放码

与同号不同型文胸的推档放码不同的是，同型不同号文胸之间的推档放码并不是文胸的型（文胸罩杯大小）不变，而实际上是随着文胸胸下围尺寸的变化，文胸罩杯的大小也发生相应的变化。例如，虽然 70B 和 75B 文胸罩杯的型相同，都是 B 型的，但由于胸下围增大的原因，在文胸罩杯推档放码时，75B 文胸的罩杯要比 70B 大一号，即 75B 文胸的罩杯与 70C 的相同。

表7-9　同型不同号文胸主要部位档差　　单位:厘米

部位	档差1	档差2	档差3
下奶杯弧线长	0.5	0.6	0.3
前奶杯弧线长	0.6	0.5	0.3
侧奶杯弧线长	0.6	0.8	0.8
乳房钢圈围	1.3	1.2	1.1
乳平距(钢圈内径)	0.6	0.6	0.8
下奶杯垂线距(胸高差)	0.3	0.3	0.5

注:档差1为内衣企业文胸结构设计用档差,档差2是根据本书获得的回归方程推出来的,档差3为本书测量获得的相邻的同型不同号文胸所对应的乳房细部特征尺寸差值。

比较表7-8与表7-9中的数据,发现两个表中的数据差异具有很多相似的地方,原因是导致这种差异产生的根源是一致的,都是由样本量大小差异、人体乳房细部特征尺寸与其所对应文胸部位之间的差异性决定的。所以,笔者认为内衣企业对同型不同号文胸主要部位的推档放码基本上符合人体乳房细部特征尺寸的变化规律。

通过上述分析,本书得出内衣企业在文胸推档放码上,推档规则及档差的设定符合人体体型的变化规律,具有较高的合理性。

7.4　钢圈、乳房钢圈围、乳根围之间的关系

钢圈是文胸造型的重要组成部分,其形态是否与乳房形态吻合,直接关系着文胸的塑型性和舒适性。不同地区、不同人体、不

同号型大小的乳房形态各不相同,而文胸的钢圈形态有限,钢圈形态与乳房根部形态之间的关系值得我们研究。

7.4.1　钢圈、乳房钢圈围、乳根围的定义

如图7-1所示,钢圈用于文胸罩杯的下缘,是保持文胸形状的重要组成部分,可以使文胸保持完美的外形,使文胸更加贴身,从而达到固定胸部、塑造胸部完美造型的效果。乳房钢圈围是本书根据研究需要自定义的:是介于钢圈与乳根围之间,并过乳房内缘点、外缘点和下缘点的平面截取乳房所得到的曲线。乳根围是乳房胸围线以下的根部弧长。

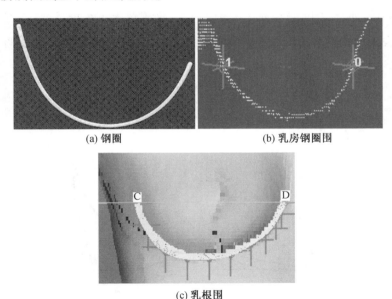

(a) 钢圈　　　　　　　　　　(b) 乳房钢圈围

(c) 乳根围

图7-1　钢圈、乳房钢圈围和乳根围示意图

7.4.2　钢圈与乳根围的区别

如图 7-2 所示,根据乳房细部特征尺寸的几个测量项目——前奶杯弧线长(弧 BP – D)、前奶杯直线距(线段 BP – D)、前奶杯垂线距(线段 BP – B)、侧奶杯弧线长(弧 BP – C)、侧奶杯直线距(线段 BP – C)、侧奶杯垂线距(线段 BP – A)、乳平距(线段 CD)、乳深(线段 BP – O)——的数据大小,笔者发现左右乳房缘点(C、D)并不是在一个平面上,图 7-1(c)中的乳根围弧线 CD 是一条复杂三维的空间曲线。而文胸上使用的钢圈却不可能制作成与人体乳根围曲线完全吻合的三维空间曲线,只能是条光滑的二维平面曲线[如图 7-1(a)所示]。原因是:一是工艺上不可能达到,二是失去了钢圈修正人体和塑型的作用。那么钢圈和乳根围之间的形

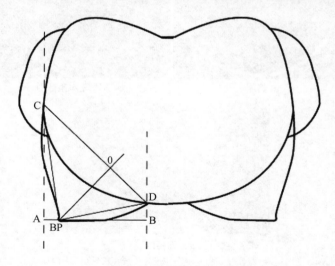

图 7-2　乳房截面示意图

状、大小关系就很难确定了。因此,为了研究的需要,本书引入了一个中间变量——乳房钢圈围[如图 7-1(c)所示]。

7.4.3 乳房钢圈围与乳根围之间的关系

从乳房钢圈围的定义可以知道,乳房钢圈围实际上是将乳根围复杂的三维空间曲线向二维平面曲线近似转化的结果。从本书乳房细部特征尺寸测量结果来看,两者数值大小上的差异因乳房根部形状而异:当乳根围曲线比较圆顺时,两者数值基本相等;而当乳根围曲线前后侧形状差异比较大时,两者数值差异也较大,或者乳根围的数值大一些,或者乳房钢圈围的数值大一些。但从钢圈的作用来看,乳房钢圈围与文胸上使用的钢圈在形状和数量上较为接近,如图 7-1 所示,乳房钢圈围的开口(线段"01",乳房前后缘点间的直线距离)与钢圈的开口(线段 CD)、乳房钢圈围的外长(弧长"01")与钢圈的外长(弧长 CD)相似。因此,笔者认为乳房钢圈围较乳根围来说,更能为钢圈的形状和数量提供人体依据。

7.4.4 钢圈与乳房钢圈围之间的关系

为了更好地了解钢圈与乳房钢圈围之间在形状和数量上的差异,本书选择两组样本进行比较,每组 7 个人:一组是穿着 75B 文胸号型的样本,另一组是穿着 70C 文胸号型的样本。根据文胸推档放码的规则,这两组样本穿着的文胸罩杯大小是一样的,钢圈也是通用的,都是用 75B 的钢圈号型。因此,本书选择 75B 号型的普通型文胸钢圈与这两组样本的乳房钢圈围做比较。为了方便比较不同样本之间乳房钢圈围的形态和数值的差异，先采用 Tecmath 三维人体扫描仪配置的 ScanWorX 数字化人体测量软件对样本的乳根围进行选点、切片（过乳房前缘点 A、后缘点 B 和下缘点 C 的平面进行切片）、计算获得乳房钢圈围，如图 7-3（a）所示；再采用 Illustrator 绘图软件，将如图 7-3（b）中的的乳房钢圈围等值、等形状转换为矢量图，如图 7-3（c）所示图中弧线"ABC"是弧线"021"的等值、等形状适量转换图。

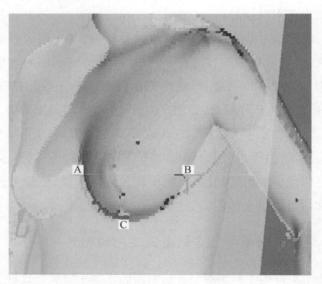

（a）乳根围选点、切片示意图

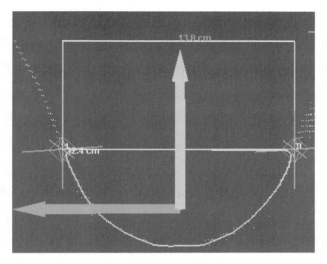

（b）乳房钢圈围示意图

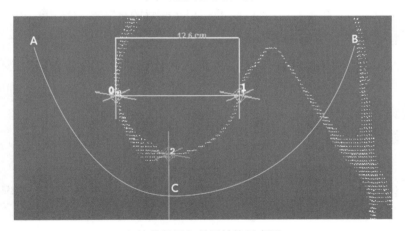

（c）乳根围矢量图转换示意图

图7-3 乳根围选点、前片、计算示意图

一、两组样本的乳房钢圈围比较

以乳房钢圈围前缘点、后缘点和 BP 点为水平线，图 7-4 为 75B 与 70C 样本乳房钢圈围的对比示意图，其中 A 为乳房前缘点，B 为乳房侧缘点，C 为乳房下缘点，BP 为胸点，红色曲线代表 75B 样本的乳房钢圈围，蓝色曲线代表 70C 样本的乳房钢圈围，黑色曲线为 75B 号型钢圈弧线及文胸结构设计中常用摆放形态。

从图中曲线的整体情况来看，除了最上面和最下面的两条曲线以外，大部分曲线分布比较集中，乳房钢圈围的前后两侧并不是对称的，也说明乳房的前后两侧并不是对称的，前侧的曲率（弧 AC）变化比后侧（弧 CB）大；从单个样本来看，每个人的钢圈形状、大小都不是完全相同的；从同号型的样本整体来看，70C 样本的乳房钢圈围开口和外长比 75B 要小一点，而高度（BP 点与 C 点的距离）却较大，这与我们肉眼观察到的 70C 的乳房形态比 75B 的更加圆润和坚挺，底盘也相对较小相吻合。因此从理论上讲，在钢圈选用时，70C 的钢圈开口和外长要比 75B 要略小，而不能笼统地通用。但目前内衣企业在实际应用的过程中，考虑到文胸本身留有空隙量，而且乳房的可塑性非常强，为了减少样版数，提高工作效率，往往忽略掉这个差异的存在，将 75B 和 70C 罩杯大小设计成一样的。因此，这样生产出来的文胸对于个别消费者来说，有些钢圈开口可能过大，对乳房的塑型作用效果不明显；而有些钢圈开口可能过小，压迫乳房，长此以往会给女性带来了种种乳房疾病。

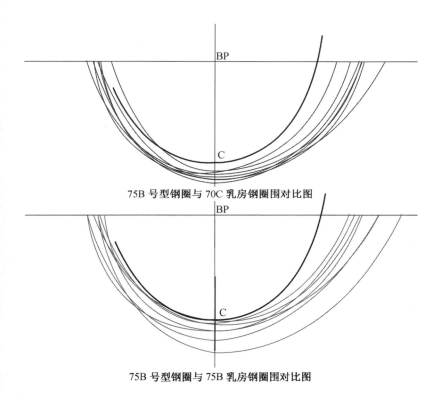

75B 号型钢圈与 70C 乳房钢圈围对比图

75B 号型钢圈与 75B 乳房钢圈围对比图

图 7-4　75B 与 70C 样本乳房钢圈围的对比示意图

二、75B 普通型钢圈与两组样本的乳房钢圈围比较

图 7-5 为钢圈（图中的黑色曲线）与两组样本的乳房钢圈围的比较图。从图中可以看出，钢圈与乳房钢圈围底部的吻合程度最高，其次是与乳房钢圈围前侧，而与其后侧的形状有较大的偏差，从图中还可以明显看出钢圈的开口比实际人体乳房钢圈围的开口要小很多，而且主要是体现在钢圈的后侧部分，这与本章 7.1.2 中

的分析结果相吻合。钢圈这样设计的目的是让女性穿着文胸以后利用钢圈的归拢作用,把乳房后侧的脂肪往前推,使乳间距变小,乳房看起来像个球体,显得更加丰满。同时由于乳房钢圈围后侧形状与钢圈后侧形状存在一定的差异,所以在文胸下缘线设计时,一般前侧根据钢圈的形状不变,而在后侧往往根据人体乳房弧度的变化将钢圈开口加大 1 厘米左右。这样当人体穿上文胸后,通过文胸侧翼的作用力,使钢圈弧度与人体乳房弧度相吻合。了解了钢圈形状与乳房钢圈围形状的差异后,在文胸生产中钢圈的选择要注意软硬适中:太软,起不到矫正乳房的作用,且容易变形;太硬,钢圈在穿着后不易变态,难与人体乳房弧度吻合,紧紧卡住乳房后侧脂肪,使人感到不舒服。

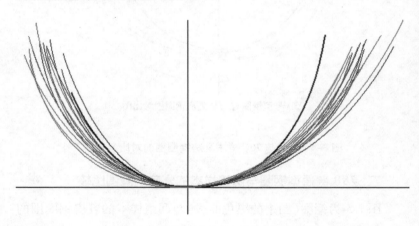

图 7-5　钢圈与乳房钢圈围比较

7.5 基于人体测量的文胸罩杯省量的确定

胸部是女性人体最复杂的部分。而文胸是女性服装中最贴近人体且与人体有最高吻合度的服装。因此在文胸结构设计时,罩杯省量的确定是很重要的。

7.5.1 文胸罩杯省量确定的理论依据

图7-6为将乳根围看作在同一个平面上(C、D点在一条线上)的乳房位置截面图。C、D分别为左右乳缘点,弧 C – BP – D = 乳平围,线段 CD = 乳横宽,线段 BP – BP = 乳间距。

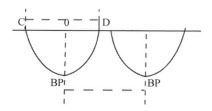

图7-6　理想化的乳房正面截面图

文胸罩杯省量的计算是建立在将乳房理想化成规则的圆锥体的基础上,并将省量集中在一个省道上,将乳房沿胸部平行于冠状面剪切平摊成扇形,扇形所在圆与乳房根部圆的圆心重合,如图7-7所示。

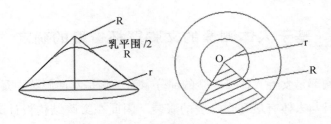

图7-7　理想化的乳房立体形态和省量

阴影部分面积即为应该剪去的所求的省量,省道的尺寸大小为两圆周长之差。将乳横宽/2 作为圆锥体圆的半径 r,而将乳平围/2 作为锥体的斜边长 R,设省量(阴影部分弧长)为 L,阴影部分对应的夹角为 θ,则

$$L = 2\pi R - 2\pi r = 2\pi(R - r) = \pi(C—BP—D - CD)$$

公式(7.1)

$$\theta = 360° \left(1 - \frac{r}{R}\right)$$ 公式(7.2)

通过 θ 可以总体把握控制文胸罩杯省道量的分配,服装上省道的分配一般遵循"各个省道的角度之和等于 θ"的原则。

从图7-6 的乳房正面截面图看,乳房在没有外力作用的情况下,C – BP – D 为弧线。当穿上文胸后,由于乳房脂肪受到文胸的挤压作用,弧线 C – BP – D 可近似为两段等长直线(直线 C – BP、BP – D),则大圆半径 R =(弧长 C – BP – D)/2。同时,当穿上文胸后由于受到文胸钢圈的固定、挤压作用,图7-6 中左右乳缘点 C、D 会适当向乳头点 BP 靠拢,使 r 值变小。而且随着文胸款式的不同,r 值变大的幅度也不一样。设 k 为其变化值,那么侧收效果越好的文胸款式,k 的取值越大。所以应将公式(7.1)、公式(7.2)

调整为:

$$L' = \pi(C.BP.D - CD) = \pi(R - r + k) \qquad 公式(7.3)$$

$$\theta' = 360°\left(1 - \frac{r-k}{R}\right) \qquad 公式(7.4)$$

7.5.2 文胸省量的计算及比较

本书以75B普通型文胸为例,k取值为0.5厘米,计算文胸省量的大小。R = 弧 C – BP – D/2 = 乳平围/2 = 9 厘米,r = 线段 CD/2 = 乳横宽/2 = 6.1 厘米,则有:

$$L' = \pi(R - r + k) = 3.14 \times (9 - 6.1 + 0.5)$$

$$= 11.3 \text{ 厘米}$$

$$\theta = 360°\left(1 - \frac{r-k}{R}\right) = 360°\left\{\frac{1 - (6.1 - 0.5)}{9.2}\right\}$$

$$= 140.8°$$

上面推算的文胸罩杯收省量(11.3 厘米)与图 6-10 文胸罩杯基本版型的省量大小(10 厘米)有点差别,原因是:一方面,以上获得的数据是在将人体乳房理想化为圆锥形的情况下得到的,在文胸结构设计的实际操作中还必须考虑面料的性能等因素,将其作适当的调整;另一方面,本书的样本是按照一定乳房美的标准筛选出来的 18 ~ 25 周岁的青年女性,其乳房相对比较坚挺,文胸罩杯的收省量相对比较大。

结论:目前我国内衣企业在文胸结构设计时罩杯省量的确定还是具有较高乳房细部特征尺寸依据的。

7.6 本章小结

（1）提取文胸结构设计中的主要参数，并建立其关于胸差、胸围、胸差和胸围的回归方程；结合服装专业知识、回归方程拟合优度大小及常数项简易程度，选择每个参数的最佳回归方程，为文胸结构设计提供科学的公式。

（2）以本书的回归方程及人体乳房细部特征尺寸为基础，验证内衣企业文胸推档放码规则及档差设置的合理性，结果表明两者都具有较高的人体尺寸依据。

（3）为了研究需要，本书引进了乳房钢圈围这个变量，并将其与钢圈、乳根围进行比较分析，为文胸钢圈形状、大小及软硬程度的设计提供人体依据。

（4）通过文胸罩杯省量的理论推导和实际计算，提供文胸罩杯省量确定的计算公式，并验证了内衣企业在文胸罩杯省量确定上的合理性。

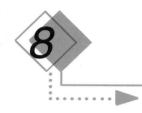

文胸设计及主观评价

文胸设计要考虑的因素很多,除了款式美观外,还要考虑穿着的合体性和舒适性,因此版型的设计、面辅料的搭配等就显得尤为重要。

8.1　文胸款式特点

本书设计的这款文胸的特点是:斜型单褶(省),普通型鸡心,3/4 杯带钢圈罩杯,内部夹棉为斜上下两片式,带可卸肩带,后扣式,罩杯侧下部内衬夹棉插片,带下巴,无比骨,"一"字比(如图 8-1所示)。

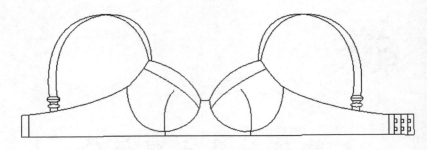

图 8-1　文胸款式图

8.2　文胸面辅料的选择

　　文胸与人体紧密相贴,可以说是女性人体的"第二皮肤",人们对其舒适性要求很高,包括压力舒适性、热湿舒适性、触觉舒适性等,而这些舒适性能又与文胸的面辅料的选择匹配有很大的关系。文胸面辅料的品种繁多,其性能也相差甚远。在文胸设计时,应根据文胸各部位的受力、人体生理特点等有针对性地选择面辅料。

8.2.1　文胸面料的选择

文胸用面料概括起来主要有天然织物与化纤织物两大类。

一、天然织物

文胸用的天然织物主要有棉、麻、丝及转基因的彩色棉。天然织物的共同优点是手感好、吸湿性、透气性强、穿着舒适,其中彩色棉还满足了当代女性对环保文胸的追求;其不足之处在于这几种天然织物保形性差,无法制作紧身、塑形的文胸,只有将其纤维织造成针织布或与其他弹性纤维混纺,增加其经纬向的弹性后,方可作为文胸的面料。

二、化纤织物

文胸面料中用得最多的就是化纤织物,通常有锦纶、合成树脂、高弹纤维,还有现在流行的莱卡。合成纤维具有很强的弹性、回弹性,这是天然纤维所缺乏的。正是这些功能使文胸的矫形性成为可能。但由于合成纤维的吸湿性、透气性、穿着舒适性较差,文胸罩杯的内贴布通常要用棉针织物取代。文胸中常用的化纤织物有拉架布、弹力网、蕾丝花边等。

本款文胸用到的主要面料是涤棉针织布,主要用于文胸的内贴袋上;弹力拉架布,用于文胸的侧翼位;蕾丝花边,用于文胸罩杯面部,如图 8-2 所示。

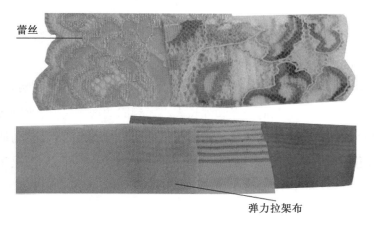

蕾丝

弹力拉架布

图 8-2　文胸面料

8.2.2　文胸辅料的选择

文胸的辅料是影响文胸的结构形态、外观、内在品质、功能以及保养要求的主要因素。文胸用的辅料很多,主要有夹棉、衬垫、钢圈、捆条、橡皮筋、定型纱、肩带、钩扣、饰品等。

（1）衬垫:文胸的衬垫主要用于弥补人体乳房造型的不足,将乳房集中,使其更加丰满。通常在文胸罩杯的下部或侧下部位增加棉袋、水带、气袋等,可以固定,也可以作为插片。图 8-3 为本款文胸使用的棉插片。

图 8-3　文胸内插片

（2）钢圈:不同钢圈的应用会呈现不同的文胸效果。钢圈的选用要根据文胸的款式造型来决定其外形,然后再根据文胸号型的大小来决定钢圈的内径和外长大小。钢圈的选用是文胸结构设计中比较难于把握的部分。本书根据文胸的款式、号型及其功能,选用的是 75B 普通型钢圈,其内径为 11.5 厘米,外长为 18 厘米,心位与侧位的高度差为 3 厘米,如图 8-4 所示。

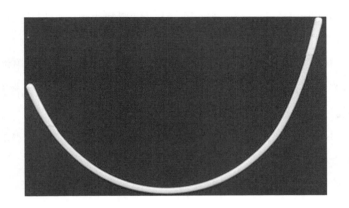

图 8-4　75B 普通型钢圈

（3）夹棉：厚度一般在 0.2～0.6 厘米之间，主要用罩杯的里层，具有较强的稳定性，与钢圈一起使用，确保文胸的保型性。

（4）橡皮筋：又称丈根，有较强的弹性。用在文胸的上捆和下捆边缘，具有包边的作用。同时，由于其厚实、耐磨、高弹性，还具有一定的支撑性、包容性。

（5）边纶捆：也叫捆条，是缝制在钢圈、胶骨和鱼骨底部的衬布，有较强的牢固耐磨性，可以防止钢圈、胶骨穿出戳伤人体。

（6）定型纱：一般比较硬，呈网状，薄而透明，没有弹性，用于需要固定的部位，如文胸的鸡心位、下扒等部位。

（7）鱼骨、胶骨：用于文胸的侧缝，起到支撑、收缩的作用。

（8）肩带：专门的织带厂根据内衣的色彩加工出成品肩带，缝制时只需裁剪出所需长度，缝合即可。肩带是文胸材料里面很重要的一个辅料，涉及最后的穿着效果。

（9）肩带扣：是肩带和文胸连接的部件，有 2 种类型：一是肩带扣形如"9"字形,一头是活口,肩带可以拆卸;二是肩带扣形如"8"或"0"字形,肩带无法拆卸。

(10)扣件:通常用在后片中心位置,有单扣、双扣、多扣之分。常用的文胸扣件通常有三排,相间1.2厘米,可用于调节文胸的松紧度。

(11)花牌:文胸上唯一的纯装饰物,形状细小、精致,用缎带制成各种形状的小蝴蝶结,饰在前胸鸡心上缘。

图8-5为本款文胸的部分辅料。

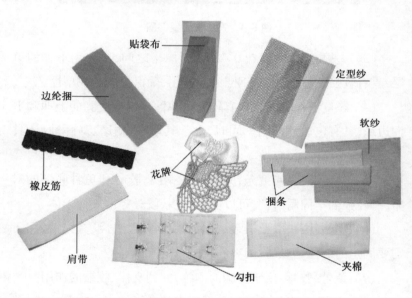

图8-5　部分文胸辅料

8.3 文胸结构设计中主要控制参数的确定及结构设计

8.3.1 主要控制参数的确定

本书设计的文胸号型是 75B,参照本书实际人体测量获得的数据以及第 7 章表 7-7 的回归方程,综合考虑所用面料的弹性、工艺回缩性,确定文胸结构设计的主要尺寸。

一、文胸罩杯制版的主要控制参数

表 8-1 文胸罩杯结构设计主要控制参数与乳房部位尺寸对照表

单位:厘米

文胸结构设计主要部位	对应乳房部位及尺寸		实际制版取值
下捆围	胸下围	73 – 78	60
下杯高	下奶杯弧线长	7.5	8
前杯宽	前奶杯弧线长	9.5	9
后杯宽	侧奶杯弧线长	10.8	11
杯骨	乳平围	18.9	18.5
罩杯下缘长	乳房钢圈围	20.4	22

表 8-1 为文胸结构设计的主要控制参数,其中下捆围的取值与人体胸下围的真实数据有较大的差值(13 ~ 18 厘米),这是由文胸侧翼所使用的面料(弹力拉架布)的弹性决定的,面料的弹性越大差值越大,反之越小;下杯高的取值包含 0.6 厘米的钢圈宽度;乳房下缘长是根据钢圈的外长加上 1.5 厘米的钢圈空隙量;乳平

围是上下杯型文胸杯骨线长短设计的依据,随着罩杯破缝的方向、角度的不同,其值大小会有所变化。

此外,文胸罩杯省量的大小根据第 7 章的计算结果,并作适当处理,取 10.5 厘米;罩杯上杯高度随文胸款式的变化而变化,本款文胸的上杯高取 4 厘米。

二、文胸鸡心、侧翼制版的主要参数

鸡心和侧翼的设计也是文胸结构设计中不可缺少的部分,主要的控制参数有:鸡心高度、上宽,侧翼的高度,上捆围,肩带位等。这些参数如第 7 章所介绍的,一般根据经验取定值:

鸡心上宽 = 1 厘米;

鸡心高 = 3.5 厘米;

侧翼高度 = 8 厘米;

上捆围 = 17 厘米;

后肩带位 = 4 厘米;

后中心宽 = 钩扣宽 = 3 厘米。

8.3.2　文胸结构设计

一、文胸罩杯结构设计

本书的文胸罩杯结构设计是在单褶型文胸基本版型(第 6 章图 6-10)的基础上,通过文胸罩杯省道转移获得的,包括单褶型罩杯面版型和上下式夹棉版型,如图 8-6 至图 8-11 所示。

一、文胸罩杯面版型(蕾丝面料版型)制作

图 8-6 至图 8-8 是文胸罩杯面(蕾丝面料版型)版型的制作。

其中图 8-6 为罩杯转化示意图。图 8-7 为单褶型文胸罩杯基本版型，其制图方法参照第 6 章内衣企业文胸罩杯基本版型的制作。图 8-8 的单褶斜型文胸罩杯版型是在图 8-7 单褶型文胸罩杯基本版型的基础上，根据本款文胸的款式特点，通过罩杯边缘线弧度、鸡心高低等的变化获取，具体制作步骤如下（结合图 8-8）：

图 8-6 罩杯转化示意图

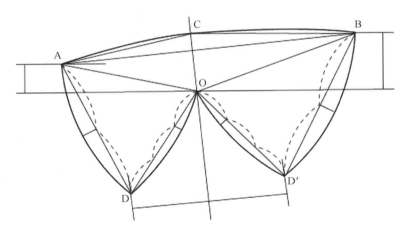

图 8-7 单褶杯基本版型

（1）定心位点。

以罩杯基本版型的胸点 O 为基准，向下 1.5 厘米处作一水平线，并在线上取一点 A'，OA' 的距离为前杯宽尺寸 9 厘米。

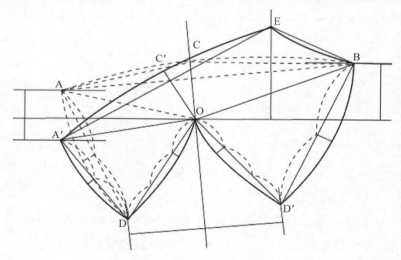

（2）定肩夹点。

在罩杯胸点的右方距胸点 5 厘米处作垂线，并在垂线上方距胸围线 6.5 厘米处取一点 E 作为肩夹点。

（3）定上杯边。

连接 A′E，并作线段 OC′垂直于线段 A′E，OC′长为上杯高的尺寸 4 厘米，并以平滑的曲线连接 A′C′E，完成上杯边。

（4）定前杯缘线。

将前杯缘斜线 A′D 二等分，等分点处垂直斜线向外凸起 0.5 厘米，以平滑的曲线连接 A′D，完成前杯缘线。

（5）定肩夹线。

连接肩夹点 E 与侧位点 B，将肩夹斜线 BE 二等分，等分点处垂直斜线向内凹进 0.4 厘米，以平滑的曲线连接 BE，完成肩夹曲线。

图 8-8　斜型单褶杯版型

二、斜型单褶上下杯版型（罩杯夹棉版型）制作

图 8-9 为罩杯转化示意图，由于本款文胸所使用的罩杯夹棉与其罩杯面部的蕾丝面料版型不一样，因此需要在斜型单褶杯版型（如图 8-10 所示）的基础上，通过罩杯省道转移来获取文胸罩杯夹棉的版型（如图 8-11 所示），其具体制作步骤如下（结合图 8-10 和图 8-11）：

（1）作杯骨辅助线。

图 8-10 中，过胸点 O 做上杯缘辅助线 A′E 的平行线，分别交于前杯缘线 AD′与肩夹线 BE。

（2）作杯骨线。

以步骤（1）的辅助线为基准作两条平行线，其中一条距离为 0.7 厘米，交前杯缘线 AD′于 A″点，另一条距离为 1.2 厘米，交肩夹线 BE 于 E′点，以平滑的曲线连接 A″OE′，使杯骨线长为 18.5 厘米。

（3）转移罩杯下缘省。

如图 8-11 所示，按照省道转移的原理，将罩杯沿线段 A″O 与 E′O 剪开，将下杯缘省道合并，OD 与 OD′并为一条线 OD″，下杯缘省分解为前胸缘省 AOA″和肩夹省 E′OE″两个省。

（4）作下杯骨曲线。

将前杯骨斜线 A″O 三等分，靠近 O 点的等分点处垂直斜线外凸起 1.1 厘米，将后杯骨斜线 OE″三等分，靠近 O 点的等分点处垂线斜线向外凸起 0.6 厘米，以平滑的曲线连接 A″OE″，完成杯骨曲线。

（5）作下杯缘线。

以平滑曲线连接 A″D″B′，完成下杯缘曲线。

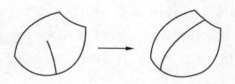

图 8-9　罩杯转化示意图

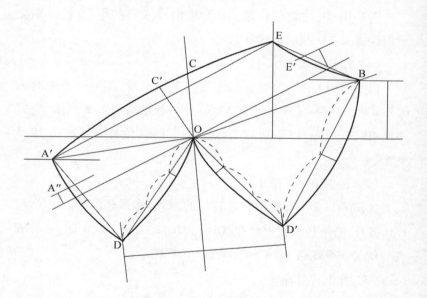

图 8-10　斜型单褶杯版型

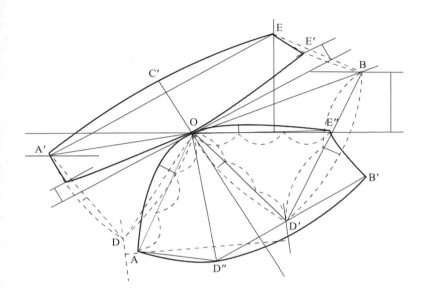

图8-11　斜型单褶上下杯版型

二、鸡心及侧翼的结构设计

图8-12为文胸鸡心及侧翼的结构设计图，其制作步骤如下：

（1）作基础辅助线。

作两条相互垂直的直线OX、OY，其中OX为胸下围辅助线，OY为前中心辅助线。

（2）作下杯缘线。

将钢圈摆正，侧位点与侧高线相切，钢圈下缘于胸下围辅助线OX相切于C点，将钢圈开口增到1厘米，同时将钢圈两端点各延长0.75厘米，定鸡心位点A′和侧位点B，顺延后的钢圈心位点A距中心线为0.5厘米（＝1/2鸡心上宽），做新的钢圈弧线完成罩杯下杯缘线。

（3）作鸡心。

以 A 为基准,在 OY 上垂直向下 0.3 厘米取点 A′,并在 OY 上取点 O′使 A′O′等于鸡心高 3.5 厘米。

（4）作下捆曲线。

在距离 O 点 29.5 厘米[=（下捆围 60 厘米 - 勾扣尺寸 3 厘米 + 缩份 2 厘米)/2]处作 OX 的垂线向下 1 厘米取 E 点,以 C 点作 OX 垂线并向下 1.5 厘米取 C′,以平滑的曲线连接 O′C′E 完成下捆曲线。

（5）作上捆曲线。

过 E 点作垂线,并取 E′使 EE′ = 3 厘米（勾扣宽度）,将线段 BE′二等分,在等分点处垂线斜线向外凸起 0.4 厘米,以平滑的曲线连接 BE′,使 BE′ = 17 厘米（上捆长）,完成上捆曲线。

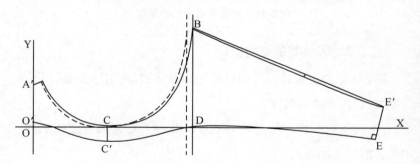

图 8-12　鸡心及侧翼版型

至此,文胸主要结构设计已基本完成,但由于文胸本身不大,对其版型精确度的要求很高。因此在裁剪布料之前还必须做一个校版工作:即将样版按其车缝线拼起,修正对接部位的弧度,使其过渡自然、圆润。

8.4 文胸制作过程及质量控制

　　文胸的制作过程相当繁琐,每一道工序的质量控制都很重要,它直接关系到最后文胸成品的总体质量。本款文胸的制作步骤及质量控制如表 8-2 所示,图 8-13 为文胸成品人台展示效果。

表 8-2　主要制作步骤及工艺要求

主要步骤	缝迹	机器设备	缝制工艺要求
1. 单针平缝内袋布口		单针平缝机	将口袋布向里折叠 0.6 厘米,留 0.4 厘米缝份,针密为 12 针/2.5 厘米,起针和结束时回车
2. 单针缝内袋布		单针平缝机	将内袋布与夹棉下杯平齐,留 0.1 厘米缝份,针密为 12 针/2.5 厘米,注意留出口袋位,起针和结束时回车,完成后内袋布要平服且左右对称
3. 三针"之"字缝合上下杯夹棉		三针"人"字机	将宽为 0.8 厘米的两条定型纱捆条分别置于杯骨线两面车缝,针密为 9.5 针/2.5 厘米,捆条宽窄要一致,夹棉要拼齐
4. 三线包缝上杯棉		三线包缝机	沿上杯棉边缘车缝,留 0.4 厘米缝份,针密为 35 针/2.5 厘米,线迹均匀,不起皱,不跳线,不切掉杯棉

续表

主要步骤	缝　迹	机器设备	缝制工艺要求
5. 单针缝合杯面蕾丝省道并倒缝、单针加固		单针平缝机	先沿车缝标记缝合省道,省尖过渡自然,不起包,再将省道缝份剪开,分开缝份,车缝0.3厘米两条平行线迹
6. 单针缝合杯面蕾丝和罩杯夹棉		单针平缝机	将蕾丝杯面与杯棉对齐车缝,留0.2厘米缝份,针密为12针/2.5厘米,要求松紧适度,不起皱,左右杯的杯骨、花要对称
7. 单针缝合鸡心纱、反压加固定鸡心		单针平缝机	先将鸡心面与定型纱边缘对齐,留0.5厘米缝份车缝,纱要有往里的吃势,再将其反转,留0.1厘米缝份车缝加固,要求线迹平顺,缝份对齐
8. 单针缝合鸡心、侧翼		单针平缝机	将鸡心与侧翼车缝,留0.6厘米缝份,针密为12针/2.5厘米,要求线迹平顺,缝份对齐
9. 三针"之"字缝下比橡皮筋		三针"人"字机	将橡皮筋与下比围比起车缝,针密为9.5针/2.5厘米,留0.5厘米缝份,要求线迹平顺,不起皱,不跳线,橡皮筋不露牙、不盖牙

主要步骤	缝迹	机器设备	缝制工艺要求
10. 单针缝合罩杯与下比		单针平缝机	将罩杯与下比的车缝标记对齐车缝,留 0.8 厘米缝份,针密为 10 针/2.5 厘米,要求上完后左右杯对称,杯至下脚的高度为 0.3 厘米
11. 三针"之"字缝上比橡皮筋		三针"人"字机	将橡皮筋与上比围对齐车缝,并落肩带勾,针密为 9.5 针/2.5 厘米,留 0.5 厘米缝份,要求线迹平顺,不起皱,不跳线,橡皮筋不露牙、不盖牙
12. 7/32 双针绱下杯缘捆条		双针平缝机	将捆条沿罩杯下边缘,以 0.6 厘米双针车缝,针密为 12 针/2.5 厘米,缝好后要求左右杯对称,并留 0.5 厘米的钢圈余量
13. 单针"人"字绱钩圈和水洗唛		单针"人"字机	将水洗唛以单针平车固定于钩圈中间,然后以"之"字车将钩圈固定于侧翼的后中线上,针密为 11 针/2.5 厘米,要求线迹均匀,不露毛边
14. 加固肩带,封结钢圈两端		打结固缝机	要求线迹长短与对应部位相一致,针密为 35 针/2.5 厘米,线迹圆顺平整

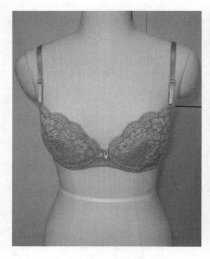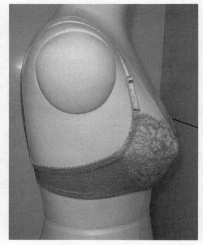

图 8-13 文胸人台效果展示

8.5 真人试穿及评价

文胸做好后需要真人模特试穿,这是文胸设计的一个重要环节。与外衣不同,文胸结构设计是否合理、尺寸大小是否合适、是否具有矫形性,在人台上无法检验,只能在真人模特身上试穿才能体会到。

结合内衣企业文胸真人试穿的主观评价方法,本书随机选择年龄、出生地、乳房立体形态与样本群体相吻合的西北部地区穿着75B文胸的女研究生进行试穿试验,并做出主观评价,以验证本书研究结果的有效性。本书的试验是在试验对象正确的穿上文胸以后,先看大体效果,再做一些基础的动作来主观评价其合体性和舒适性。

8.5.1　文胸穿着试验

（1）文胸正确穿着。

在做文胸合体性评价之前,正确的穿着是很有必要的,如表 8-14 所示。

图 8-14　文胸正确穿着示意图

1. 将肩带穿过手臂落在肩上,身体向前弯 45° 左右,以使乳房很适当、自然地纳入文胸罩杯内,然后扣紧钩扣。

2. 站直,调整肩带至适当的长度,肩带不可太紧或太松,太紧肩膀勒得难受,太松肩带容易滑落。

3. 一手托住文胸罩杯下部,一手轻轻地从罩杯里面穿过罩杯将乳房外侧的肌肉推进到罩杯里,固定乳房在罩杯的正确位置内。

（2）整体效果察看。

文胸正确穿着以后，自然站立，初步观察文胸穿着效果，主要看肩带两边高低是否平衡，罩杯是否落空、压胸，侧翼是否处于水平状态，鸡心是否起翘，钢圈附近部位是否起皱，杯骨是否起皱等。

（3）通过基础动作察看。

本书主要通过手臂上举 180°、弯腰、下蹲、扩胸运动四个基本动作来检查文胸的钢圈是否向上滑移，侧翼是否有飞比或坠比的现象，肩带是否滑落等。

（4）被测对象主观评价。

先让被测对象穿着文胸一段时间（30 分钟），然后再询问穿着者是否有不适的地方，主要看胸下围是否过紧等。

8.5.2　试验结果分析

表 8-3　文胸试穿试验结果

运动状态	评价项目	对象 1	对象 2	对象 3	对象 4
自然站立	罩杯吻合程度	4	4	4	4
	鸡心吻合程度	4	4	4	4
	侧翼平整程度	3	4	4	4
	钢圈吻合程度	4	4	4	4
	杯骨平整程度	4	4	4	4
手臂上举 180°	钢圈滑移程度	1	2	1	1
	飞比程度	3	2	2	2
	坠比程度	2	2	2	1
	肩带滑落程度	1	4	1	1

运动状态	评价项目	对象1	对象2	对象3	对象4
扩胸运动	钢圈滑移程度	1	2	1	1
	飞比程度	2	2	2	1
	坠比程度	2	2	2	1
	肩带滑落程度	1	4	1	1
弯腰	钢圈滑移程度	1	1	1	1
	飞比程度	2	2	2	2
	坠比程度	2	2	2	2
	肩带滑落程度	1	2	1	1
下蹲	钢圈滑移程度	1	1	1	1
	飞比程度	2	2	2	2
	坠比程度	2	2	1	1
	肩带滑落程度	1	3	1	1
半个小时后	胸下围舒适程度	1	1	2	2

注:5 高　4 较高　3 中等　2 较低　1 低

从表8-3的结果显示,本款文胸的罩杯部分对4个试验者整体上具有较高的合体性,而胸下围舒适性程度普遍差,太紧。其原因是胸下围所用的弹力拉加布的弹性强度不够,胸下围尺寸设置太小。除此以外,不同的试验者由于其乳房立体形态的差异性,在不同部位的吻合程度也各不相同。

(1) 对象1在自然站立状态时,侧翼的平整程度较一般,而且在做180°手臂上举运动时,出现飞比(文胸后背部分向上滑移)。其原因是对象1的背部比较厚且乳房侧面形态为半球形,底盘比较宽,造成本款文胸的侧翼上捆长度不够而且钢圈口有点小。因此可以通过适当的加大钢圈开口或加大侧翼上捆的长度,以克服以上问题。

(2)对象 2 出现的主要问题是运动时出现肩带滑落问题,其主要原因:一是对象 2 有点溜肩,肩斜角比较大;二是本款文胸的胸下围太小,肩带会自然变松,使其滑落。因此为了克服以上问题,除了加大胸下围尺寸外,还可以通过变化肩带的倾斜角度(比如向内倾斜),改变其受力方向。

(3)对象 3 和对象 4 除了在穿着半个小时后感觉胸下围不舒适以外,其他的部位的吻合程度都比较高,相对比较理想。

以上分析表明,按照青年女性乳房细部特征尺寸制作的文胸产品,基本上能够满足不同类型女性乳房的形态,证明了本书提取的乳房细部特征尺寸是合理的。

总结与展望

 9.1　研究的结果

本书选择年龄在 18～25 周岁、出生地和成长地都在西北地区的女大学生作为研究对象,按照"需求调研分析—人体测量—样本优化—特征尺寸采集—数据分析—国内外文胸结构设计特点—细部尺寸关系研究——实例验证"的步骤和思路进行文胸结构设计中主要细部尺寸的研究,主要得出以下结论:

(1)根据深入内衣企业了解的文胸设计和生产的现状,得出文胸结构设计的研究是当前内衣企业迫在眉睫的问题,为本书的研究做好了实际需求分析。

(2)从影响女性乳房立体形态美的主要因素——乳间距、胸点高出发,将 254 个年龄在 18～25 周岁的西北部地区女大学生的乳房基本形态分为内敛—偏高型、内敛—中间型、内敛—下垂型、外阔—偏高型、外阔—中间型、外阔—下垂型和中间—偏高型、中间—下垂型、标准型 9 类。通过对各类乳房基本形态分布特点及文胸类型选择的分析，得出该样本群体的乳房相对比较丰满、在文胸功能选择上以普通型为主的结论。

将其中为标准型乳房的 102 个样本作为文胸结构设计中主要细部尺寸确定的人体乳房细部特征尺寸依据，并通过问卷调查，验证了所选样本的乳房美具有普遍性，同时得出乳房美与人体整体体型美没有必然的联系。

（3）将描述乳房特征的 34 个测量项目进行主成分分析，得出 8 个主成分因子：乳房细部特征因子、胸部围度因子、高度因子、下奶杯立体形态因子、宽度因子、乳房丰满程度因子、乳房相对位置因子、肩部斜度因子，并分析了每个因子与文胸结构设计中细部尺寸确定的关系。这些因子对文胸的结构设计具有重要的参考价值。

（4）通过乳房侧面形态与文胸罩杯设计之间关系的分析，得出我国西北部青年女性乳房侧面形态以扁平型和普通型居多，3/4 杯带钢圈型文胸适用范围最广。

（5）通过内衣企业文胸结构设计的分析，将下奶杯弧线长、侧奶杯弧线长、前奶杯弧线长、乳间距、乳平距、下奶杯垂线距、乳深、乳房乳根围、乳平围等测量项目作为文胸结构中的主要参数，并建立其关于胸差、胸围、胸差和胸围的回归方程，结合服装专业知识、回归方程拟合优度大小及常数项简易程度，选择每个参数的最佳回归方程，为文胸结构设计、内衣专业教育提供科学的公式。

（6）以本书的回归方程及人体乳房细部特征尺寸为基础，验证内衣企业文胸推档放码规则及档差设置的合理性,结果表明两者都具有较高的人体尺寸依据。

（7）为了研究需要,本书引进了乳房钢圈围变量,并将其与钢圈、乳根围进行比较分析,为文胸钢圈形状、大小及软硬程度的设计提供人体依据。

（8）通过文胸罩杯省量的理论推导和实际计算,提供文胸罩杯省量确定的计算公式,并验证了内衣企业在文胸罩杯省量确定上的合理性。

（9）通过75B、3/4杯带钢圈型文胸的设计与制作,探讨了文胸的结构设计方法及制作工序和质量控制。最后通过真人试穿试验,进一步验证了本书研究的有效性。

9.2　研究的不足

（1）由于条件的限制,本书仅对西北部地区女大学生进行分析与研究,乳房细部特征尺寸与文胸结构设计中主要细部尺寸的关系研究也是建立在这一基础之上的,没有考虑其他年龄段、其他地区女性的乳房细部特征尺寸。

（2）对文胸成品的评价,仅使用现行评价体系中的主观评价方法,没有对产品进行客观评价。

（3）由于设备条件的限制,对文胸试穿实验中出现的问题没法通过文胸产品的重新制作做进一步验证。

9.3 未来展望

（1）内衣人台的研究。

目前我国还没有内衣专用的裸态人台,很大程度上阻碍了文胸结构设计的研究,尤其是文胸立体裁剪在内衣企业中的应用,影响我国内衣行业的发展。

（2）面辅料性能匹配研究。

文胸使用的材料很多,各种材料之间的性能差异很大,如何根据文胸的功能及款式要求,实现面辅料性能之间的匹配是值得研究的。

（3）文胸舒适性、合体性的客观评价体系的建立。

目前文胸的舒适性和合体性评价主要是通过真人模特试穿的主观评价来实现的,客观性不够。

（4）基于三维人体测量的乳房细部特征尺寸数据库的建立。

我国目前还没有国民体型数据库,更没有乳房细部特征尺寸的人体体型数据库。因此,基于三维人体测量的乳房细部特征尺寸数据库的建立对促进我国内衣行业的发展、提高我国内衣在国际市场的竞争力具有十分重要的意义。

参考文献

［1］罗莹.贴心时尚——内衣设计［M］.北京:中国纺织出版社,1999.

［2］Jongsuk Chun-Yoon, et al. Key Dimensions of Women´s Ready-to-Wear Apparel: Developing a Consumer Size-Labeling System ［J］. Clothing and Textiles Research Journal, Vol. 14, #1, 1996.

［3］Jane E. Workman, et al. Measurement Specifications for Manufacturers' Prototype Bodies ［J］. Clothing and Textiles Research Journal, 2000, Vol. 18, #4.

［4］Hyun-Young Lee, Kyunghi Hong, Eun Ae Kim. Measurement protocol of women's nude breast using 3D scanning technique ［J］. Applied Ergonomics 35, 2004.

［5］Zhang X. , Li Y. , Yeung K. W. , Kong L. X. A Finite Element Study of Stress Distribution in Textiles with Bagging［J］. Computational Mechanics Techniques and Developments, Civil-Comp Press, Edinburgh, 2000.

［6］Li Yi. Sensory Engineering Design of Textile and Apparel Products ［A］, 82nd World Conference, The Textile In Stitute,

Cario，Egypt，2002.

［7］Dai X. Q. , Li Y. , Zhang X. Computational Simulation of Clothing Mechanical Behavior with an Improved Particle Model［A］, 82nd World Conference,The Textile Institute,Cario,Egypt,2002.

［8］X. Zhang, K. W. Yeung, Y. Li. Numericial Simulation of 3D Synamic Garment Pressure ［J］. Textile Research Journal,72（3）.

［9］Amire 爱慕内部材料.

［10］陈文飞.基于服装合体性的女性人体体型研究［D］.东华大学博士学位论文,2001.

［11］黄宗文,吕逸华.青年女性体型测量与分析研究［J］.北京服装学院学报,1999,18（4）.

［12］齐静,李毅,张欣.基于文胸量身订制的人体特征指标的研究［J］.西安:西安工程大学学报,2004,18（2）.

［13］刘冠彬.胸部造型数值化的研究与实践［J］.北京:纺织学报,25（3）.

［14］2005 年中国内衣市场研究报告［EB/OL］.中华内衣网 http://www. 3see. com/charge－report/view_inc. php？ id＝116501

［15］广东美思内衣企业内部资料.

［16］孙柏枫. 使用人体功效学［M］.长春:吉林美术出版社,1992.

［17］常丽霞.基于三维人体测量的轻度运动型胸衣的研究［D］.西安:西安工程大学,硕士学位论文,2005.

［18］乳房的生理特征［ED］

［19］中泽愈. 人体与服装［M］.北京:中国纺织出版社,2000.

［20］沈雷.针织内衣设计［M］.北京:中国纺织出版社,2001.

［21］印建荣,常建亮.内衣结构设计原理与技巧［M］.上海:上海科学技术出版社,2004.

［22］张道英.上海地区青年女性文胸基础版型的研究［D］.东华大学硕士学位论文,2005.

［23］潘海音.女胸衣设计的力学研究［J］.维普资讯 http://www.cqvip.com

［24］杜艳科.纹胸构成部件特征和受力分析［J］.河南纺织高等专科学校学报,2005(3).

［25］李明菊.基于女性体型分析的内衣结构构成及数字化设计研究［D］.东华大学博士学位论文,2001.

［26］邢宝安.中国衬衫内衣大全［M］.北京:中国纺织出版社,1997.

［27］王花娥,张渭源,王革辉.基于 MTM 的女性形体细分及类别原型研究［D］.东华大学硕士学位论文,2003.

［28］王祺明.服装业三维人体测量技术的方法和现状分析［J］.绍兴文理学院学报,2002.

［29］郑艳,张欣,李毅.基于量身定制的女大学生体型分类研究［D］.陕西:西安工程大学硕士学位论文,2005.

［30］郑艳,张欣.我国三地区女子体型分类研究［J］.西安工程大学学报,2004(3).

［31］《服装号型》标准课题组编著.国家标准《服装号型》的说明与应用［M］.北京:中国标准出版社,2008.

［32］用于技术设计的人体测量基础项目.中华人民共和国国

家标准[S].国家质量技术监督局发布,1999.

[33] 卢纹岱.SPSS for Windows 统计分析[M].北京:电子工业出版社,2002.

[34] 张尧庭,方开泰.多元统计分析引论[M].北京:科学出版社出版,1999.

[35] W. Yu, J. Fan, S. C. Harlock, etc. Innovation and Techenology of Women's Intimate Apparel [M]. England, Cambridge Woodhead Publishing Limited,2009.

[36] Melliar M.. Pattern Cutting[M], London, B. T. Batsford Ltd. , 1968.

[37] Bray N.. More Dress Pattern Desging[M], 4th edn. Collins Professional and Technical Books, 1986.

[38] Campbell H.. Designing Patterns：A Fresh Approach to Pattern Cutting[M], Melbourne Jacaranda Press, 1989.

[39] Armstrong H. J.. Patternmaking for Fashion Design[M], New York, NY, Harper&Row, 1987.

[40] Haggar A.. Pattern Cutting for Lingerie, Beachwear and Leisurewear[M], Blackwell Publishing ltd, 2004.

[41] Morris D. , Pattern Construction Course[M],De Montfort University, 2004.

[42] 广东奥丽侬内衣有限公司内部资料.

[43] 朱松文.服装材料学[M].北京:中国纺织出版社,2001.

附　　录

附表 4-1　　问卷调查表

尊敬的朋友：

　　您好！

　　因课题研究（文胸结构设计研究）的需要，麻烦您抽出几分钟时间填写以下问题。真心谢谢您的合作！

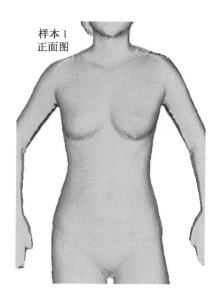

样本 1
正面图

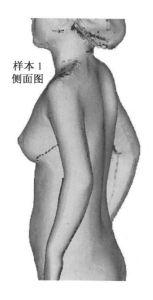

样本 1
侧面图

以下问题均从判断乳房、身材美的角度出发

样本 1：

1. 乳头宽窄程度得分（乳头间距太宽或太窄都不是理想的，约在 18~20 厘米）：

　　A. 50—60 分　　　　　B. 60—70 分　　　　C. 70—80 分

　　D. 80—90 分　　　　　E. 90—100 分

2. 乳头高度得分（乳头太高或太低都不是理想的，约在腰线与肩线的中央）：

　　A. 50—60 分　　　　　B. 60—70 分　　　　C. 70—80 分

　　D. 80—90 分　　　　　E. 90—100 分

3. 乳房整体美感得分：

　　A. 50—60 分　　　　　B. 60—70 分　　　　C. 70—80 分

　　D. 80—90 分　　　　　E. 90—100 分

4. 人体整体比例匀称、优美得分：

　　A. 50—60 分　　　　　B. 60—70 分　　　　C. 70—80 分

　　D. 80—90 分　　　　　E. 90—100 分

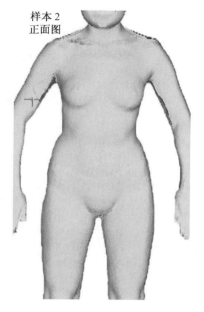

样本2
正面图

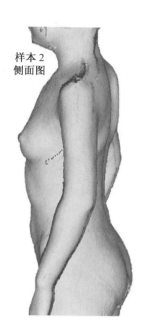

样本2
侧面图

样本2：

1. 乳头宽窄程度得分（乳头间距太宽或太窄都不是理想的，约在18～20厘米）：

A. 50—60分　　　　B. 60—70分　　　　C. 70—80分

D. 80—90分　　　　E. 90—100分

2. 乳头高度得分（乳头太高或太低都不是理想的，约在腰线与肩线的中央）：

A. 50—60分　　　　B. 60—70分　　　　C. 70—80分

D. 80—90分　　　　E. 90—100分

3. 乳房整体美感得分：

A. 50—60分　　　　B. 60—70分　　　　C. 70—80分

D. 80—90 分　　　　E. 90—100 分

4. 人体整体比例匀称、优美得分：

A. 50—60 分　　　　B. 60—70 分　　　　C. 70—80 分

D. 80—90 分　　　　E. 90—100 分

附表 5-1　乳房特征尺寸测量项目相关系数矩阵表

	身高	胸点高	胸上围	胸围	胸下围	胸差	胸宽	背宽	小肩宽	肩斜角	胸上围至BP点垂距	前奶杯弧线长	前奶杯直线距	前奶杯垂线距	前奶弧直线距	侧奶杯直线距	侧奶杯垂线距
身高	1.0	.91	.25	.20	.14	.16	.23	.17	.22	.06	.12	.12	.17	.17	.20	.06	.0
胸点高	.91	1.0	.24	.17	.14	.09	.24	.16	.14	-.1	.0	.03	.07	.12	-.18	-.1	.0
胸上围	.25	.24	1.0	.95	.87	.39	.53	.59	.43	.0	.0	.36	.40	.30	-.15	.58	.44
胸围	.20	.17	.95	1.0	.84	.53	.52	.51	.41	.02	.0	.47	.51	.42	-.13	.64	.35
胸下围	.14	.14	.87	.84	1.0	.0	.44	.51	.30	-.1	-.1	.13	.17	.13	-.14	.44	.39
胸差	.16	.09	.39	.53	.0	1.0	.29	.11	.28	.16	.16	.64	.67	.54	-.04	.52	.04
胸宽	.23	.24	.53	.52	.44	.29	1.0	.0	.13	-.1	-.3	.21	.21	.15	.016	.27	.09
背宽	.17	.16	.59	.51	.51	.11	.0	1.0	.30	-.1	.20	.23	.28	.18	-.16	.32	.46
小肩宽	.22	.14	.43	.41	.30	.28	.13	.30	1.0	.25	.04	.22	.25	.16	-.09	.32	.28
肩斜角	.06	-.1	.0	.02	-.1	.16	-.1	-.1	.25	1.0	.0	.0	.0	.0	-.07	.08	-.1
胸上围至BP点垂距离	.12	.0	.0	.0	-.1	.16	-.3	.20	.04	.0	1.0	.06	.08	.04	-.04	-18	.11

续表

	身高	胸点高	胸上围	胸围	胸下围	胸差	胸宽	背宽	小肩宽	肩斜角	胸上围至BP点垂距	前奶杯弧线长	前奶杯直线距	前奶杯垂线距	前奶弧直线距	侧奶杯直线距	侧奶杯垂线距
前奶杯弧线长	.12	.03	.36	.47	.13	.64	.21	.23	.22	.0	.06	1.0	.98	.88	.252	.55	.0
前奶杯直线距	.17	.07	.40	.51	.17	.67	.21	.28	.25	.0	.08	.98	1.0	.88	.039	.58	.02
前奶杯垂线距	.17	.12	.30	.42	.13	.54	.15	.18	.16	.0	.04	.88	.88	1.0	.100	.46	-.2
前奶弧直线差	-.2	-.2	-.2	-0.1	-.1	.0	.02	-.2	-.1	-.1	.0	.25	.04	.10	1.0	-.1	-.3
侧奶杯弧线长	.04	-.1	.53	.59	.38	.52	.24	.29	.31	.07	.21	.56	.58	.46	.00	.98	.28
侧奶杯直线距	.06	-.1	.58	.64	.44	.52	.27	.32	.32	.08	.18	.55	.58	.46	-.05	1.0	.30
侧奶杯垂线距	.0	.0	.44	.35	.39	.04	.09	.46	.28	-.1	.11	.0	.02	-.2	-.27	.30	1.0
侧奶弧直线差	-.1	-.2	-.1	-.1	-.2	14	-.1	-.1	.04	.0	.30	.22	.18	.11	.240	.18	.0

续表

	身高	胸点高	胸上围	胸围	胸下围	胸差	胸宽	背宽	小肩宽	肩斜角	胸上围至BP点垂直距离	前奶杯弧线长	前奶杯直线距	前奶杯垂线距	前奶弧直线距	侧奶杯直线距	侧奶杯垂线距
下奶杯直线距	.23	.11	.38	.49	.06	.80	.21	.22	.28	.14	.23	.77	.78	.70	.038	.62	.04
下奶杯弧线长	.18	.07	.35	.46	.03	.79	.19	.20	.25	.16	.22	.73	.75	.68	.006	.62	.06
下奶杯垂线距	.28	.15	.28	.35	.10	.48	.13	.15	.13	.12	.04	.47	.48	.41	.008	.51	.11
下奶弧直线差	-.1	-.1	.01	.03	-.1	.21	0	0	0	.11	.06	.10	.12	.12	-.11	.17	.07
乳房钢圈围	.27	.16	.39	.42	.21	.42	.24	.24	.22	.0	.10	.62	.64	.60	-.01	.59	.14
乳平距	.12	.00	.62	.67	.49	.46	.30	.31	.38	.06	.12	.66	.69	.64	-.06	.85	.30
乳平围	.15	.04	.50	.62	.28	.72	.35	.20	.21	.04	.21	.71	.75	.66	-.04	.74	.07
乳横宽	.13	.06	.57	.65	.35	.64	.36	.29	.32	-.1	.16	.68	.70	.66	-.02	.67	.17
乳深	.08	.0	.47	.61	.19	.84	.27	.24	.28	.09	.17	.82	.83	.68	.044	.75	.06
乳间距	.33	.19	.58	.67	.41	.60	.39	.19	.26	.17	.22	.63	.66	.59	-.01	.61	-.1

续表

	身高	胸点高	胸上围	胸围	胸下围	胸差	胸宽	背宽	小肩宽	肩斜角	胸上围至BP点垂距离	前奶杯弧线长	前奶杯直线距	前奶杯垂线距	前奶弧直线距	侧奶杯直线距	侧奶杯垂线距
乳间曲线长	.18	.07	.53	.66	.30	.75	.35	.19	.27	.12	.15	.76	.77	.68	.061	.65	-.1
乳间曲直线差	-.2	-.2	.03	.15	-.1	.48	.0	.04	.10	-.1	-.1	.45	.43	.36	.164	.24	.0
胸径宽	.24	-19	.87	.85	.81	.32	.47	.56	.49	.0	.04	.35	.40	.29	-.16	.58	.53
胸径厚	.23	.16	.74	.76	.78	.20	.33	.32	.22	.07	.05	.06	.22	.23	-.23	.52	.19
胸身比	-.3	-.3	.78	.85	.74	.41	.38	.40	.28	.0	-.1	.37	.39	.29	-.02	.59	.36

	侧奶杯直线差	下奶杯直线距	下奶杯弧线长	下奶杯垂线距	下奶弧直线差	乳房钢圈围	乳平距	乳平围	乳横宽	乳深	乳间距	乳间曲线长	乳间曲直线差	胸径宽	胸径厚	胸身比
身高	-.1	.23	.18	.28	-.1	.27	.12	.15	.13	.08	.33	.18	-.2	.24	.23	-.3
胸上围	-.2	.11	.07	.15	-.1	.16	.00	.04	.06	.0	.19	.07	-.2	.19	.16	-.3
胸上围	.1	.38	.35	.28	.01	.39	.62	.50	.57	.47	.58	.53	.03	.87	.74	.78

续表

	侧奶杯直线差	下奶杯直线距	下奶杯弧线长	下奶杯垂线距	下奶弧直线差	乳房钢圈围	乳平距	乳平围	乳横宽	乳深	乳间距	乳间曲线长	乳间曲直线差	胸径宽	胸径厚	胸身比
胸围	-.1	.49	.46	.35	.03	.42	.67	.62	.65	.61	.67	.66	.12	.85	.76	.85
胸下围	-.2	.06	.03	.10	-.1	.21	.49	.28	.35	.19	.41	.30	-.1	.81	.78	.74
胸差	.14	.80	.79	.48	.21	.42	.46	.72	.64	.84	.60	.75	.48	.32	.20	.41
胸宽	-.1	.21	.19	.13	.0	.24	.30	.35	.36	.27	.39	.35	.0	.47	.33	.38
背宽	-.1	.22	.20	.15	.0	.24	.31	.20	.29	.24	.19	.19	.04	.56	.32	.40
小肩宽	.01	.28	.25	.13	.0	.22	.38	.21	.32	.28	.26	.27	.10	.49	.22	.28
肩斜角	.0	.14	.16	.12	.11	.0	.06	.04	-.1	.09	.17	.12	-.1	.0	.07	.0
胸上围BP点至垂距离	.20	.23	.22	.014	.06	.10	.12	.21	.16	.17	.22	.15	-.1	.04	.05	-.1
前奶杯弧线长	.22	.77	.73	.47	.10	.62	.66	.71	.68	.82	.63	.76	.45	.35	.16	.37
前奶杯直线距	.18	.78	.75	.48	.12	.64	.69	.75	.70	.83	.66	.77	.43	.40	.22	.39
前奶杯垂线距	.11	.70	.68	.41	.12	.60	.64	.66	.66	.68	.59	.68	.36	.29	.23	.29

续表

	侧奶杯直线差	下奶杯直线距	下奶杯弧线长	下奶杯垂线距	下奶弧直线差	乳房钢圈围	乳平距	乳平围	乳横宽	乳深	乳间距	乳间曲线长	乳间曲直线差	胸径宽	胸径厚	胸身比
前奶弧直线差	.24	.04	.01	.01	-.1	.0	-.1	.0	.0	.04	.0	.06	.16	-.2	-.2	.0
侧奶杯弧线长	.36	.64	.62	.51	.13	.59	.84	.74	.68	.76	.60	.64	.25	.54	.48	.55
侧奶杯直线距	.18	.62	.62	.51	.17	.59	.85	.74	.67	.75	.61	.65	.24	.58	.52	.59
侧奶杯垂线距	.0	.04	.06	.11	.07	.14	.30	.07	.17	.06	-.1	-.1	.0	.53	.19	.36
侧奶弧直线差	1.0	.26	.19	.14	-.2	.16	.18	.18	.22	.23	.09	.13	.12	.0	-.1	.0
下奶杯直线距	.26	1.0	.97	.67	.18	.66	.66	.80	.72	.85	.64	.74	.39	.37	.22	.33
下奶杯弧线长	.19	.97	1.0	.68	.43	.65	.65	.80	.72	.82	.59	.70	.42	.35	.18	.33
下奶杯垂线距	.14	.67	.68	1.0	.22	.74	.54	.60	.51	.52	.34	.41	.23	.26	.24	.17
下奶弧直线差	-.2	.18	.43	.22	1.0	.16	.17	.26	.22	.18	.0	.08	.22	.02	-.1	.09

续表

	侧奶杯直线差	下奶杯直线距	下奶杯弧线长	下奶杯垂线距	下奶弧直线差	乳房钢圈围	乳平距	乳平围	乳横宽	乳深	乳间距	乳间曲线长	乳间曲直线差	胸径宽	胸径厚	胸身比
乳房钢圈围	.16	.66	.65	.74	.16	1.0	.75	.64	.66	.51	.43	.48	.22	.41	.32	.24
乳平距	.18	.66	.65	.54	.17	.75	1.0	.73	.76	.65	.64	.66	.20	.67	.56	.57
乳平围	.18	.80	.80	.60	.26	.64	.73	1.0	.78	.83	.71	.82	.42	.48	.41	.51
乳横宽	.22	.72	.72	.51	.22	.66	.76	.78	1.0	.72	.58	.68	.39	.61	.41	.54
乳深	.23	.85	.82	.52	.18	.51	.65	.82	.72	1.0	.69	.83	.49	.43	.30	.53
乳间距	.09	.64	.59	.34	0	.43	.64	.71	.58	.69	1.0	.90	.02	.51	.56	.46
乳间曲线长	.13	.74	.70	.41	.08	.48	.66	.82	.68	.83	.90	1.0	.46	.49	.42	.53
乳间曲直线差	.12	.39	.42	.23	.22	.22	.20	.42	.39	.49	.02	.46	1.0	.08	-.2	.26
胸径宽	.0	.37	.35	.26	.02	.41	.67	.48	.61	.43	.51	.49	.08	1.0	.60	.69
胸径厚	-.1	.22	.18	.24	-.1	.32	.56	.41	.41	.30	.56	.42	-.2	.60	1.0	.61
胸身比	0	.33	.33	.17	.09	.24	.57	.51	.54	.53	.46	.53	.26	.69	.61	1.0

附表 7-1 回归方程分析表

	胸差（C）			胸围（B）			胸围（B）胸差（C）		
	回归方程	R	R2	回归方程	R	R2	回归方程	R	R2
前奶杯弧线长	$0.200 \times C + 6.609$	0.638	0.406	$0.07838 \times B + 2.303$	0.470	0.220	$0.03068 \times B + 0.169 \times C + 4.348$	0.656	0.431
侧奶杯弧线长	$0.229 \times C + 7.609$	0.520	0.270	$0.139 \times B - 1.502$	0.591	0.350	$0.103 \times B + 0.127 \times C + .02625$	0.640	0.409
下奶杯弧线长	$0.258 \times C + 4.329$	0.790	0.624	$0.07915 \times B + 0.653$	0.456	0.208	$0.09169 \times B + 0.248 \times C + 3.654$	0.791	0.626
乳间距	$0.258 \times C + 16.032$	0.603	0.364	$0.153 \times B + 6.041$	0.670	0.449	$0.111 \times B + 0.148 \times C + 7.828$	0.731	0.535
乳平距	$0.181 \times C + 11.956$	0.457	0.209	$0.141 \times B + 2.073$	0.667	0.445	$0.125 \times B + 0.05759 \times C + 2.768$	0.678	0.460
下奶杯垂线距	$0.105 \times C + 4.839$	0.477	0.227	$0.04065 \times B + 2.622$	0.346	0.120	$0.01538 \times B + 0.08971 \times C + 3.706$	0.498	0.240
乳深	$0.243 \times C + 2.232$	0.841	0.708	$0.094 \times B - 2.888$	0.610	0.373	$0.03536 \times B + 0.208 \times C - 0.373$	0.864	0.746
乳房钢圈围	$0.228 \times C + 16.924$	0.421	0.177	$0.12 \times B + 9.372$	0.417	0.174	$0.07786 \times B + 0.15 \times C + 11.187$	0.479	0.230
乳平围	$0.610 \times C + 11.844$	0.718	0.516	$0.28 \times B - 4.827$	0.620	0.384	$0.151 \times B + 0.46 \times C + 0.734$	0.772	0.596
乳间曲线长	$0.361 \times C + 16.220$	0.749	0.560	$0.17 \times B + 6.042$	0.660	0.435	$0.0942 \times B + 0.268 \times C + 9.297$	0.811	0.657

注：表中 R 表示复相样系数，R^2 为判定系数

后　记

　　本书系在本人硕士学位论文的基础上修改而成。在此要对师长、亲友、同学的支持和帮助表达我的谢意。

　　首先要感谢导师张欣教授（西安工程大学服装与艺术设计学院）的悉心教导。张老师在学术上深厚的造诣和敏锐的科研嗅觉、严谨的治学态度、正直的人格、优秀的人文精神，无一不对我产生深刻的影响。在此致以我崇高的敬意！

　　感谢我的副导师周捷教授（西安工程大学服装与艺术设计学院）及西安工业大学的石俊博士，在我论文的撰写过程中你们给出很多宝贵的意见。

　　感谢研究生同学黄灿艺、谷林、郭敏、李荣、李倩、孙国华、程小燕等，你们陪伴我一起走过了美好的时光。

　　感谢广东美思内衣企业有限公司及广东奥丽侬内衣有限公司对我课题研究提供的帮助。

　　感谢陕西省服装工程中心（西安工程大学校内）提供的良好科研环境。

　　感谢苏州大学出版社的方圆老师，没有您的帮助，也就没有本书的问世。

　　最后要感谢我的父母！在我的求学生涯和工作中，你们付出了巨大的心血，给予了我世界上最无私的帮助和支持，我的每一点成绩都凝聚着父母的汗水和心血。

梁素贞

2014 年 5 月于闽江学院服装与艺术工程学院